놓아주는 엄마 주도하는 아이

놓아주는 엄마
주도하는 아이

윌리엄 스틱스러드, 네드 존슨 지음
이영래 옮김

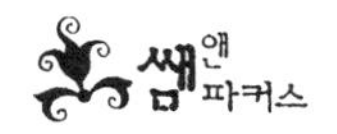

일러두기

- 저자 중 한 명인 윌리엄 스틱스러드는 본문에서 별칭인 '빌'이라고 부릅니다.
- 인용되는 책과 영화는 정식으로 수입된 경우 정식 번역명만 기재하고, 수입되지 않은 경우 번역명과 함께 원제를 병기하였습니다.
- 미국의 학년제와 대입 시험의 경우 가능한 한국식으로 의역하였습니다.

❀

나를 입양해주시고 더없는 사랑을 주시고
내 삶을 경영하는 법을 가르쳐주신 부모님께.

- **윌리엄 스틱스러드**(William Stixrud)

❀

아이들을 돕겠다는 열정에 불을 붙여준 사랑하는 바네사,
그리고 너무도 사랑스러운 케이티와 매튜에게 고맙고,
세상 최고의 아이들을 주신 분께 끝없이 감사하며.

- **네드 존슨**(Ned Johnson)

❀

이 책에 담긴 사례는 모두 실화이며,
우리가 오랜 세월 함께 작업했던 아이들과 부모님 그리고 교육자들의 이야기입니다.
도움을 주고받고 가르치며 또 배우는 일에는 무엇보다 신뢰가 필요합니다.
때로는 그 과정에서 종종 상처를 주고받기도 하고요.
그럼에도 불구하고 많은 아이와 그 가족이 우리에게 보여준 신뢰와 믿음에 깊이 감사드립니다.
몇몇 경우에는 사생활 보호를 위해 가명을 쓰거나
신원이 드러날수 있는 세부 사항들을 바꿨다는 점을 미리 밝혀둡니다.

- **작가의 말**

차례

차례

삶의 통제감이 왜 그렇게 중요할까?

어떻게 하면 아이가 '삶의 통제감'을 가질 수 있을까?

내면의 열정과 잠재력을 발휘하게끔 도우려면 어떻게 해야 할까?

사실 빌과 네드는 그리 잘 어울리는 조합이 아니다. 빌은 미국에서 명망 있는 임상 신경심리학자이다. 그는 30년 이상 불안, 학습장애, 행동장애가 있는 어린이를 도와왔다. 사람들은 그의 침착한 성격이 직업과 잘 어울린다고들 한다. 네드는 미국 굴지의 학습 회사인 '프랩매터스'의 창립자이다. 학생들은 그가 못해도 세 사람 몫의 열정을 뿜어낸다고들 한다.

그들은 몇 년 전 한 행사에 초청 강연자로 참석했다가 우연히 만나

대화를 나눴다. 둘은 성장 환경, 전문 분야, 고객 기반은 모두 달랐지만 비슷한 문제를 겪는 아이들을 돕고 있었다. 서로 놀랄 만큼 상호 보완적인 방식으로 말이다. 빌은 두뇌 개발의 관점에서 그 문제에서, 네드는 수행과학과 기술의 관점으로 접근하고 있었다. 그들은 이야기를 나누면서 서로의 지식과 경험이 퍼즐처럼 딱 맞아떨어지는 느낌을 받았다. 네드의 학생들이 명문대에 들어가지 못할까 봐 공황에 빠져 있었다면, 빌의 학생들은 학교에 다니는 것 자체가 힘든 상태였다. 이 둘은 완전히 다른 상황처럼 보였지만 근원적인 문제 해결을 위한 의문은 같은 곳에서 출발했다. 어떻게 하면 아이가 삶의 통제감을 가질 수 있을까? 내적 동기와 잠재력을 발휘하게끔 도우려면 어떻게 해야 할까?

아이의 성과를 극대화하고 스트레스를 최소화하기 위해서는 결국 학습 동기와 스트레스 문제를 거쳐 결국 삶의 통제감이라는 주제를 마주할 수밖에 없다. 아이들이 건전한 방식으로 자기 동기부여를 하도록 도와야 한다. 완벽주의자의 편집적인 투지와 "다시 비디오게임 좀 하게 해주세요"의 중간쯤에 있는, 적절한 수준으로 말이다. 낮은 삶의 통제감이 엄청난 스트레스를 유발하며, 삶의 통제감이 동기 개발의 열쇠라고 직감했다. 실제로 건전한 삶의 통제감은 아이들에게 원하는 거의 모든 것 즉 신체적 건강, 정신적 건강, 좋은 성적, 행복과 직결된다는 무수한 연구 결과에 따라 사실로 드러났다.

1960~2002년까지, 고등학생과 대학생의 내적 통제 소재(internal locus of control, 자신의 운명을 통제할 수 있다는 믿음)는 점차 낮아지고 외적

통제 소재(external locus of control, 자신의 운명이 외력에 의해 결정된다는 믿음)는 높아졌다. 이는 불안감과 우울증에 대한 취약성으로 이어졌다. 오늘날의 청소년은 과거보다 불안장애 증상을 겪을 확률이 5~8배는 높다. 이때 과거는 대공황과 2차 대전, 냉전 시대까지 포함한다. 그럼 지금의 아이들이 대공황 때보다 더 힘든 상황에 처해 있다고 봐야 할까? 우리가 그들의 자연적인 대응 기제를 약화시키고 있는 건 아닐까?

적절한 삶의 통제감이 없을 때 아이들은 무력감과 압박감을 느끼며 수동적으로 행동할 가능성이 크다. 의미 있는 선택을 할 능력이 부족하다고 평가받는 아이는 불안, 집중력 저하, 우울증을 경험하고, 분노를 관리하지 못하고, 자기파괴적 행위를 할 가능성이 커진다. 이런 상태에서는 아무리 많은 자원과 기회가 주어져도 잘 자라지 못한다. 배경이 어떻든 삶의 통제감을 느끼지 못하는 아이들은 내적 혼란으로 타격을 입는다.

사람은 세상에 영향을 끼칠 수 있다는 효능감을 느낄 때 더 좋은 성과를 낸다. 1970년대에 한 양로원에서 기념비적인 연구가 있었다. 자기 생활을 직접 책임져야 한다는 이야기를 들은 노인들은 간호사가 책임지고 관리하겠다는 이야기를 들은 노인들보다 더 오래 살았다. 이 역시 삶의 통제감이 얼마나 중요한지 보여준다. 숙제를 할지 말지, 입시 공부를 할지 말지 스스로 결정하는 아이가 더 행복하고, 스트레스를 덜 받고, 궁극적으로 인생을 더 잘 헤쳐나가는 것도 같은 맥락에서 당연하다.

모든 부모는 아이들이 경쟁적인 세상에서 의미 있고 중요한 사람이 되는 것, 또 아이들이 그렇게 할 수 있다는 생각을 가지기를 바란다.

그들이 더는 아이와 함께하지 못할 시점에도 성공적인 삶을 살기를 바란다. 하지만 이 목표를 추구할 때, 우리는 종종 몇 가지 잘못된 가정을 따른다.

잘못된 가정 1- 사소한 잘못도 삶의 실패로 이어진다.

성공으로 가는 길은 좁디 좁다. 우리 아이는 조금만 삐끗해도 실패의 낭떠러지에 떨어질 것이다. 따라서 아이에게 결정을 맡기는 것은 너무 큰 위험이 따른다. 청소년이 성공적으로 살기 위해서는 어떤 대가를 치르더라도 늘 경쟁력을 유지해야 한다.

잘못된 가정 2- 인생에서 성공하려면 명문대 진학은 필수다.

승자는 적고 패자는 많다. 예일대냐 맥도날드냐? 결과적으로 너무나 많은 아이들이 광적인 투지를 갖거나 완전히 포기하고 만다.

잘못된 가정 3- 더 밀어붙여야 더 좋은 성과를 올리고 성공할 수 있다.

옆 반의 학생들이 벌써 고2 수학을 하고 있다면, 우리 애들에게는 고3 수학까지 가르쳐야 한다. 대학 입학이 점점 힘들어지고 있다면 좀 더 빡빡하게 더 많이 배우고 더 많은 시간을 공부하게 해야 한다.

잘못된 가정 4- 세상은 점점 위험한 곳이 되어가고 있다.

우리는 아이들이 상처받거나 나쁜 결정을 내리지 않도록 끊임없이 아이들을 감시할 수밖에 없다.

많은 부모가 이런 가정들이 사실이 아님을 직관적으로 알고 있다. 하지만 동료, 학교, 다른 부모들이 주는 압박감 앞에서 아이들이 뒤처져서는 안 된다는 생각이 드는 순간, 이 직관을 외면하고 만다.

하지만 부모는 아이들을 통제할 수 없다. 무슨 수를 써도 마찬가지다. 부모의 역할은 아이들이 스스로 생각과 행동을 하고, 인생의 여러 갈림길에서 스스로 더 나은 선택을 하도록 돕는 것이다. 아이들이 싫어하는 일을 강요하기보다는 아이들의 내적 동기를 끌어낼 수 있는 일을 찾도록 도와야 한다. 부모의 압력에 억지로 끌려다니기보다, 자신이 원하는 것을 알고 행동하는 아이가 되어야 하는 것이다.

아이들도 합리적으로 생각할 줄 알고, 그들도 자기 삶이 성공적이길 바란다. 아이들은 약간의 지원만 있으면 무엇을 해야 할지 스스로 찾는다. 아이들 역시 아침에 일어나 옷을 입고 학교에 가야 한다는 걸 안다. 우리 눈에는 전혀 그렇게 보이지 않겠지만, 아이들도 압박감을 느낀다. 나름 신경 쓰고 애쓰는 와중에 잔소리를 얹으면 반항심을 부추기는 꼴밖에 되지 않는다. 비결은 스스로 깨닫도록 충분한 자유를 주고 존중하는 것이다. 혹 아이들을 통제할 수 있다면 부모의 스트레스를 덜 수 있을지는 모르겠다. 하지만 이럴 경우 아이들은 삶의 통제감을 상실하고 '통제받는 삶'에 익숙해질 것이다.

우리는 이 책에서 신경과학과 발달심리학 분야의 중요한 연구들에 관해 이야기하고 도합 60년 동안 아이들과 함께하면서 얻은 경험들을 공유할 것이다. 우리는 부모가 자신을 아이의 관리자라기보다 조언자로 생각해주길 바란다. 아이들에게 "네가 결정할 문제야"라고 말해보

자. 이 책은 아이들이 자신의 내적 동기를 찾도록 유용한 아이디어들을 제공할 것이고, 종종 이런 방향과 충돌하는 교육 시스템을 마주해 어떻게 해야 할지 길잡이 역할을 할 것이다. 아이와 가족은 모두를 위한 선택을 하도록, 즉 불안을 덜어내고 용기를 가질 수 있게끔 도울 것이다. 그리고 각 장의 말미에는 당장 실행해볼 방법들도 소개한다.

때론 이 책의 주장이 불편하게 들리기도 하겠지만, 결국 안도감을 줄 것이다. 그런데도 회의감이 들 때는 이 책의 기법들이 과학적으로 검증되었고, 수많은 성공 사례가 있다는 사실을 기억하면 좋겠다. 이 책이 나오기까지 아이의 지독한 반항심이 사려 깊은 판단력으로 변화하는 모습을, 이에 따라 성적이 극적으로 향상되는 모습을 무수히 보았다. 삶에 부담감과 무력감을 느끼던 아이들이 점차 자기 인생을 책임지는 모습도 보았다. 당황하고 허둥대던 아이들이 결국 행복해지는 모습을, 또 그 무엇보다 부모와 더없이 가까워지는 모습을 보았다. 모든 아이들에게 건전한 삶의 통제감을 키워줄 수 있다. 그리고 이 모든 과정은 생각보다 쉬울 수 있다.

먼저 아이의 스트레스와 불안을 이해하라

고등학교 2학년인 애덤은 학교생활이 힘겨워졌다. 지난 여름 그의 형은 사고로 목숨을 잃었다. 그 이후로 애덤은 수업에 집중하기 어려워졌고 종종 충동적으로 행동해 교장실에 불려가기도 했다. 성적이 좋았던 적은 없지만, 이제는 유급을 당할 수준까지 곤두박질쳤다. 이 때문인지 불면증 초기 증세도 겪고 있다.

또 다른 학생인 자라는 워싱턴 DC에 있는 고급저택에 살면서 사립학교에 다닌다. 자라의 부모님은 자라가 올가을 예비 입시에서 최우수 학생이 되어 국가 장학금을 받기를 기대 중이다. 자라는 시험에서 좋은 점수를 받고 있지만, 공부에 쫓겨 잠을 잘 자지 못해 부모님에게 자주 말대꾸를 하는 일이 늘어났다. 게다가 빈번하게 두통을 호소한다.

애덤에게 관심이 필요하다는 것은 누구나 안다. 그의 앞날이 평탄하지 않으리란 것도 쉽게 예상할 수 있다. 그런데 자라에게도 관심이 절실하다는 것을 아는 사람은 그리 많지 않다. 두뇌 발달의 결정적인 시기에 경험한 만성 수면 부족과 심각한 스트레스는 장기적으로 그녀의 정신적, 신체적 건강을 크게 위협할 것이다. 믿기 어렵겠지만 애덤과 자라의 두뇌를 스캔해서 나란히 보면 놀라울 정도로 닮아 있다. 특히 스트레스 반응과 관련된 영역은 판박이 수준이다.

최근에 머리를 많이 부딪친 운동선수에 관한 연구가 활발하게 이루어졌다. 현재 뇌신경계 전문가들은 뇌진탕의 장기적 결과에 대해 이렇게 보고 있다. '지금은 괜찮아 보일지 모르지. 하지만 머리에 충격을 너무 많이 받았어. 아마도 자기 아이들 이름도 제대로 기억하기 힘든 상황이 올 거야.'

우리는 스트레스도 외상만큼이나 집중적으로 다루어야 할 문제로 보고 있다. 만성 스트레스는 두뇌에 엄청난 해를 끼친다. 식물을 예로 들면 외상은 식물의 화분을 깨는 것이고, 스트레스는 아주 작은 화분에 식물을 심는 것과 같다. 화분을 깨면 식물에 손상이 가듯, 식물을 턱없이 작은 화분에 심어놓고 키워도 식물은 점차 힘을 잃고 시들어가는 것이다. 모든 인구 집단에서 스트레스성 질병의 발생률은 극히 높아지는 중이고, 어린이나 청소년에게는 더 큰 영향을 끼치고 있다. 연구자들은 어린이와 청소년 사이에서 부쩍 늘어나고 있는 불안장애와 섭식장애, 우울증, 폭음, 자해 등의 현상 뒤에 어떤 이유가 있는지 밝혀내는 데 노력을 집중하고 있다.

최근 〈뉴욕타임스〉의 설문조사에 따르면 부유하고 경쟁이 심한 실리콘 밸리 지역 고등학교 학생 중 보통 수준의 불안과 우울을 경험한 학생이 80%이고 중증 수준을 경험한 학생도 54%에 이른다. WHO 통계만 봐도 알 수 있듯 우울증은 전 세계적으로 가장 큰 장애 요인이다. 신경심리학자들은 어린이와 10대들이 느끼는 만성적 스트레스를 기후 변화와 마찬가지로 중요한 사회문제로 보고 있다. 만성적 스트레스는 여러 세대에 걸쳐서 곪은 문제다. 이를 극복하기 위해서는 상당한 노력과 습관의 변화가 필요하다.

그렇다면 '삶의 통제감'은 이것들과 어떤 관계가 있을까? 삶의 통제감을 빼놓고는 이런 문제들을 다룰 수 없다. 결코 없다. 아주 간단하게 말하자면, 삶의 통제감은 스트레스의 해독제다. 스트레스란 알지 못하는 것, 원치 않는 것, 두려운 것이다. 삶의 통제감은 불균형하다는 느낌처럼 별로 심각하지 않은 것일 수도 있고 목숨이 오갈 만큼 중요한 것일 수도 있다. 인간 스트레스 연구소의 소니아 루피엔은 스트레스 요소 4가지의 머리글자를 따 NUTS로 표현한다.

- 새로운 것(Novelty) 이전에 경험해보지 못한 것
- 예측 불가(Unpredictability) 사건의 발생 여부나 시점에 대해서 알 방법이 없는 것
- 자아에 대한 위협(Threat to the Ego) 안전이나 능력에 대한 의심
- 삶의 통제감(Sense of Control) 상황에 대해 통제력이 없다는 느낌

초기의 스트레스 연구에는 쥐를 이용했다. 쥐에게 쳇바퀴를 주고 쥐가 쳇바퀴를 돌리면 전기 충격을 피할 수 있는 환경을 구축했다. 쥐는 쳇바퀴를 돌리며 스트레스를 피할 수 있었다. 그러나 쳇바퀴를 치우면 큰 스트레스를 받았고, 쳇바퀴를 우리 안에 다시 넣어주면 괜찮아졌다. 쳇바퀴를 전기 충격 장치에 연결하지 않았는데도 말이다. 인간 역시 소음이 심한 환경에 두고 소음을 줄일 수 있는 버튼을 제공했다. 이렇게 버튼을 눌러서 소음을 줄일 수 있는 상태에서는 스트레스 수치가 낮아졌다. 버튼이 소리에 직접 영향을 미치지 않고, 심지어 버튼을 누르지도 않았는데 말이다.

여기에서의 열쇠가 '상황의 통제감'인 것으로 밝혀졌다. 실제로 어떤 일을 하느냐보다 상황의 통제감을 느낄 수 있느냐가 더 큰 영향력을 가지는 것이다. 다시 말해 상황에 영향을 줄 수 있다는 자신감이 있을 때 스트레스를 덜 받는다. 반대의 경우 그 일은 세상 제일의 스트레스로 바뀐다.

시험 전날 '책상을 정리해야 공부가 잘된다'는 말도 삶의 통제감에 관한 이야기이다. 사실은 그렇지 않지만, 대부분은 비행보다 운전을 안전하다고 느낀다. 직접 운전할 때 그 상황의 통제감이 더 크기 때문이다. 교통 체증이 큰 스트레스인 까닭은 당장 할 수 있는 일이 전혀 없기 때문이기도 하다.

아이에 관해서도 통제감을 경험한다. 아이가 어릴 때 크게 아픈데 해줄 수 있는 일이 없다면 분명 부모는 큰 스트레스를 받을 것이다. 그런 아이가 조금 더 자라 연주회에서 연주를 하거나, 운동경기에 출전한 것을 보아야 하는 상황도 스트레스를 유발한다. 부모는 관객의 역할만 할 수 있을 뿐, 아이가 잘되기를 기도하는 것 외에는 할 수 있는 일이 없다.

사람은 누구나 자기 운명의 주체이기를 바란다. 이런 능동성과 주체성은 행복과 안녕에 가장 중요한 요인일 것이다. 아이들도 마찬가지다. 아이가 2살 때 만사에 "내가 할래!"라고 외치는 것도, 4살 때 "엄마가 대장이야? 아니잖아!"라고 말하는 것도 그 때문이다. 무슨 일이든 아이들이 스스로 하도록 놓아두어야 하는 이유다. 비록 예정보다 일이 지연되고 시간이 더 걸리더라도 반드시 그래야만 한다. 그래서 입이 짧은 5살 아이에게 채소를 먹이는 가장 확실한 방법은 음식을 반으로 나누고 어느 쪽을 먹을지 결정하게 하는 것이다.

네드의 내담자인 카라는 이 문제에 크게 공감했다. "어렸을 때 부모님은 이렇게 말씀하시곤 했죠. 이거 꼭 먹어야 해. 저는 그게 정말 싫었어요. 그래서 먹기 싫은 걸 먹으라고 하시면 앉은 자리에서 바로 게웠어요." 카라는 집 밖에서 지낸 캠프가 어린 시절의 가장 흥미로운 기억이라고 말했다. 캠핑할 때는 무엇을 하고 무엇을 먹을지 모두 직접 선택했기 때문이다. 그녀는 스스로 행동할 수 있는 자유만 있으면 식사도 책임감 있게 했다.

안타깝게도 우리가 사는 세상은 캠프와 다르다. 카라는 12~13세 무렵부터 불안을 느끼기 시작했다. "저는 사람들이 제게 이래라저래라 말하기 시작하면서 불안감을 느꼈던 것 같아요." 그녀가 말했다. "제게 통제력이 없다고 느꼈을 때 말이에요. 이후 전학 가면서 잘 적응할 수 있을지, 사람들이 나에 대해 어떻게 생각할지 걱정하면서 증상이 더 심해진 것 같아요. 제게는 삶의 통제감이, 인생을 책임지고 있다는 느낌이 대단히 중요해요. 지금도 제게 선택권이 있는 게 좋아요. 친구 어머니는 '자, 이 게임을 좀 하다가 쿠키를 굽자'라고 말씀하세요. 그 정도면 괜찮아요. 하지만 제가 원하는 것을 묻지도 않고 항상 '우리 계획은 이렇다'라고 말할 때면 저는 미쳐버릴 것 같아요."

요즘 청소년에게 삶의 통제권이 거의 없다는 말이 믿기지 않을 수도 있다. 그렇다면 잠시 그들의 일상을 살펴보자. 아이들은 자기 의사와 무관하게 정해진 교실에서 무작위로 배정된 선생님에게 수업을 받는다. 옆자리에는 역시 그 수업에 배정된 다른 아이가 앉아 있다. 비뚤어지지 않게 줄을 지어 서야 하고 시간표에 따라 밥을 먹고 쉬는 시간에만 화장실에 갈 수 있다.

이번에는 어른들이 아이들을 어떻게 평가하는지 생각해보자. 아이들이 연습에 기울인 노력이나 그들의 성장에 관심을 가지기보다는, 대회에서 더 빠르게 달리거나 경기에서 골을 더 많이 넣었는가를 기준으로 아이들을 평가한다. 우리는 아이들이 주기율표를 잘 이해했는지보다는 정확히 암기했는지에 관심이 있다. 그저 관련된 사실들을 무작위로 모아놓은 가운데서 아이들이 얼마나 득점했는지만 본다.

무력감은 절망감과 스트레스를 일으킨다. 많은 아이들이 항상 그런 느낌을 받는다. 어른들은 아이들에게 자기 인생은 스스로 책임져야 한다고 말하지만, 아이들의 숙제와 친구 관계에 대해 일일이 관섭한다. 말과 다르게 그들의 인생을 책임지는 사람은 우리인 것처럼 행동하는 셈이다.

괜찮은 방법이 있다. 지난 60년 동안 이뤄진 연구들은 건전한 삶의 통제감이 우리가 아이들에게 원하는 거의 모든 긍정적 결과와 밀접하게 연관된다는 것을 증명했다. 지각된 통제(perceived control), 즉 스스로의 힘으로 인생의 방향을 정할 수 있다는 자신감은 신체적 건강, 낮은 스트레스, 정서적 건강, 강한 내적 동기, 탁월한 역량, 높은 학업 성적, 직업적 성공과 직결된다. 삶의 통제감은 운동이나 잠과 마찬가지로 삶의 거의 모든 측면에 긍정적인 영향을 미친다. 이 말은 삶의 통제감이 인간의 궁극적인 욕구 중 하나라는 뜻이기도 할 것이다.

아이들은 통제력을 발휘하도록 설계되어 있다. 아이가 자라는 곳이 범죄율 높은 사우스 브롱크스든, 첨단산업이 집약된 실리콘밸리든 마찬가지이다. 어른의 역할은 아이들에게 선로를 깔아주며 이대로 오라고 강요하는 것이 아니다. 그들이 자신에게 적합한 선로를 찾는 역량을 길러주는 것이 어른의 역할이다. 아이들은 나름의 방법을 찾고 스스로 궤도를 수정할 줄 알아야 한다. 그리고 어쩌면 이것 이외에 일평생에 필요한 기술은 없을지도 모른다.

스트레스, 없앨 수는 없어도 활용할 수는 있다?

하나 확실히 해두자. 모든 스트레스 요인에서 아이를 보호하는 것은 불가능하다. 이는 우리가 지향하는 방향도 아니다. 심지어 불안을 유발하는 환경에서 계속 보호만 받으면 아이들은 오히려 더 불안해진다. 그래서 아이들은 스트레스를 받지 않기보다 아이들이 스트레스에 잘 대처하는 방법을 배우고, 또 스트레스 내성을 키울 수 있어야 한다. 스트레스를 통제할 수 있다고 생각하면 그 두뇌는 이후에 실제로 통제가 불가능한 상황을 마주해도 더 유연하게 대처할 수 있다. 일종의 면역력이 생기는 것이다.

빌은 초등학교에 입학하고 일주일 내내 울었다. 학급에 아는 사람이 전혀 없었기 때문이다. 이때 다른 아이들이 "선생님, 재 울어요"라고 말할 때 선생님은 이렇게 말했다. "괜찮아질 거야. 빌도 여기를 좋아하게 될 거란다. 걱정하지 않아도 돼." 시간이 지나면서 빌은 낯선 상황에서의 스트레스를 관리할 수 있게 되었고, 이 기술을 일반화시켜 다른 낯선 상황을 마주하더라도 울지 않게 되었다. 선생님이 직접 나서면 아이는 스스로 상황을 처리할 수 없다는 느낌을 받는다. 빌이 스스로 상황을 헤쳐나가도록 지켜본 선생님의 판단이 옳았다.

미국아동발달학회는 스트레스를 다음과 같이 3가지로 분류하고 있다.

- **긍정적인 스트레스** 아이가 성장하고, 위험을 감수하고, 높은 성과를 올리도록 동기를 부여한다. 아이들이 운동 시합을 준비할 때는 긴장과 함께 스트레스를 받지만, 시합 후에는 성취감과 자부심을 느끼는 것을 생각해보라. 이런 스트레스는 초조함이나

흥분, 기대감이라고 불러도 좋다. 초조함은 과하지 않다면 더 좋은 성과를 내도록 돕기도 한다. 긍정적인 스트레스를 겪어본 아이들은 성과 여부의 통제권이 결국 자신에게 있음을 깨닫는다. 아이들은 이런 경험에서 무엇인가를 '해야만' 하는 상황이 아니라는 것을 알 때 인내심을 갖고 잠재력을 최대로 발휘한다.

• **견딜 만한 스트레스** 극복하면서도 비교적 짧은 기간에 회복력을 키울 수 있다. 단, 지원을 아끼지 않는 어른이 반드시 있어야 하고, 스트레스에 대응하고 회복할 시간도 필요하다. 스트레스 연구소의 한 실험에서 새끼 쥐를 매일 15분씩 어미 쥐에게서 떨어뜨려 놓았다가, 즉 새끼 쥐에게 스트레스를 줬다가 다시 어미 쥐가 있는 곳에 돌려놓았다. 그러면 어미 쥐는 새끼 쥐를 핥아주고 털을 골라주었다. 새끼 쥐가 태어나고 첫 2주 동안 이 실험을 반복했다. 이렇게 엄마로부터 잠깐씩 떨어졌던 새끼 쥐가 성장한 후에는 엄마와 함께 우리에 남아 있던 다른 새끼들보다 훨씬 강한 회복력을 지녔다. 다 성장한 후에도 여간해서 스트레스를 받지 않는 이 쥐는 연구소에서 '느긋한 캘리포니아 쥐'라고 불렸다. 두뇌가 스트레스를 대처하는 데 익숙해지고 곧 회복력이 길러지기 때문이다.

• **독성 스트레스** 주변의 도움 없이 스트레스가 오래 지속되거나 자주 반복되는 상황을 말한다. 독성 스트레스에는 폭행 장면 목

격 같은 단기적인 충격도 있고, 밤낮으로 일어나는 만성적 충격도 있다. 발달적 측면에서 아이가 감당하기 힘든 일에 대한 노출을 막을 수 없는 상황도 독성 스트레스이다. 위험을 미룰 수도 없고 영영 사라지지 않는 것처럼 보이는 데다 도와주는 어른도 없다. 이런 경우에 아이들은 자신에게 일어나는 일에 대한 통제력이 거의 없다고 인식한다. 누가 봐도 불길함이 예견되는 상황의 애덤뿐 아니라 겉보기에는 모자람 없어 보이는 자라도 이 상황인 것이다. 독성 스트레스에 노출된 아이들은 현실 세계에 대응할 여력이 없고, 이는 아이들의 성장과 발전 능력을 손상시킨다. 앞의 쥐 실험을 잠시 떠올려보자. 새끼 쥐가 어미 쥐에게서 떨어지는 시간을 하루에 15분이 아니라 3시간으로 두었을 때, 새끼 쥐는 어미 쥐에게 되돌아간 후에 어미 쥐와 상호작용을 하지 못했다. 3시간 동안의 스트레스가 감당할 수 없는 정도였던 것이다. 그들은 남은 생애 동안 계속해서 쉽게 스트레스 받았다.

그렇다면 독성 스트레스는 피하면서 긍정적이거나 견딜 만한 스트레스를 이용할 방법은 없을까? 물론 방법은 있다. 대신 그러기 위해서는 의지할 수 있는 성인이 주위에 있어야 하고, 스트레스를 받은 뒤에 회복할 시간이 필요하며, 삶에 대한 삶의 통제감을 느낄 수 있어야 한다. 이론은 간단하지만 실행은 간단치 않다.

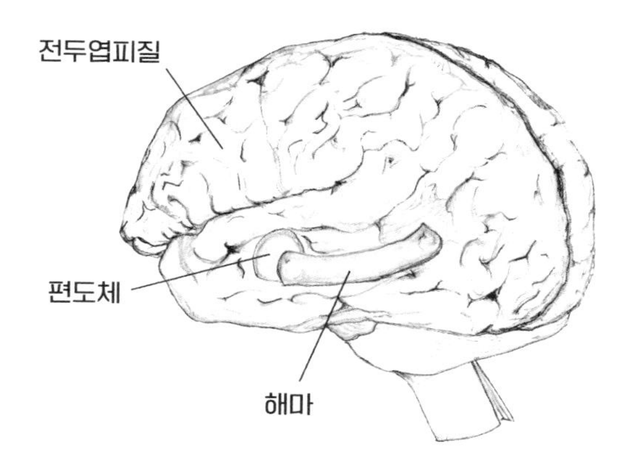

스트레스와 충동을 조절하는 데 가장 중요한 뇌 구조는 **전두엽피질**, **편도체**, **해마** 3가지이다.

뇌과학으로 보는 스트레스

어떻게 이런 일이 일어나는지 이해하기 위해 두뇌의 메커니즘에 대해 좀 더 알아보자. 두뇌의 메커니즘을 이해하면 심각한 자기 회의에 빠지는 순간 자신의 행동 대부분이 성격이나 기질 탓이 아니라 화학 작용에 따른 것임을 상기할 수 있다. 요즘의 아이들은 기계에 대해서는 잘 알지만, 머릿속에 든 하드웨어와 그를 구동하는 소프트웨어에 대해서는 아는 것이 별로 없다. 뇌과학을 조금만 배워도 우리가 통제하는 데 애를 먹는 생각과 감정에 대해 많은 것을 알 수 있다.

대뇌의 4대 시스템은 건전한 삶의 통제감을 발달시키고 유지하는 데 관여한다. 실행 제어, 스트레스 대응, 동기부여, 휴식이 4대 시스템이다. 이들 각각이 어떤 일을 하는지 간략히 알아보자.

전두엽피질(실행 제어 시스템) - 조종사

실행 제어 시스템은 기획, 조직, 충동 조절, 판단의 영역으로, 주로 전두엽피질의 통제를 받는다. 충분히 휴식을 취하고 차분한 상태에서 통제력을 발휘하고 있을 때, 즉 우리가 온전한 상태일 때는 두뇌의 대부분이 전두엽피질의 관할 하에 있다. 어떤 사건에서 받는 스트레스의 강도를 결정하는 핵심적인 부분 역시 전두엽피질로, 스스로 얼마나 통제력을 갖고 있다고 인식하는가에 따라 스트레스의 강도가 결정된다.

전두엽피질은 가장 균형적인 상태에서만 작동해 '대뇌의 골디락스'라고 불린다. 전두엽피질이 효과적으로 작동하려면 신경전달물질인 도파민과 노르에피네피린의 적절한 조합이 필요하기 때문이다. 스트레스는 이 조합의 균형을 쉽게 무너뜨린다. 각성, 약한 스트레스, 흥분, 시험 전의 약한 초조감은 이런 신경전달물질의 수치를 높여서 집중력을 강화하고 사고를 명료하게 만들며 더 나은 성과를 촉발한다. 하지만 수면이 부족하거나 과도한 스트레스는 도파민과 노르에피네피린이 넘쳐나게 해 전두엽피질은 궤도에서 벗어나게 된다. 그런 경우 대뇌는 명료한 사고나 바른 학습이 불가능해진다. 이 문제에 대해서는 8장에서 다시 다룰 것이다. 전두엽피질이 탈선 상태일 때는 충동적으로 행동하고 어리석은 결정을 내릴 가능성이 커진다.

편도체(스트레스 대응 시스템) - 성난 사자

심각한 위협을 만났을 때는 스트레스 대응 시스템이 나선다. 곧 닥칠 피해로부터 우리를 안전하게 지키도록 설계된 이 시스템은 위협을 상상만 해도 작동한다. 이것은 편도체, 시상하부, 해마, 뇌하수체, 부신으로 이루어져 있다.

편도체는 두려움, 분노, 불안 등 원시적인 감정에 민감하게 반응하는, 위협 감지 시스템의 중추이다. 이 편도체는 의식적으로 생각하지 못하고 그저 감지하고 반응할 뿐이다. 때문에 강한 스트레스 상태에서는 편도체가 전면에 나서게 된다. 편도체 통치하에서의 행동은 방어, 반응, 경직, 공격의 성격을 띤다. 헤드라이트 불빛을 본 사슴처럼 동물적 본성으로 투쟁, 도피, 결빙 반응을 준비하면서 습관적인 패턴이나 본능에 빠져드는 것이다.

위협을 감지하면 편도체는 시상하부와 뇌하수체에 신호를 보낸 다음 아드레날린을 분비하는 부신을 황급히 깨운다. 아드레날린은 아이가 차 밑에 갇혔을 때 자동차를 들어 올릴 수 있게 하는 호르몬이다. 이 복잡한 순차적 경보는 의식적 사고보다 빠르다. 위험한 상황에서는 격렬한 스트레스 대응이 필요하다. 즉, 우리는 강한 스트레스 상태에서 명료하게 '생각할 수 없도록' 진화했다. 생존이 본능적 반응의 속도에 좌우될 수 있기 때문이다.

건전한 스트레스 반응이란 스트레스 호르몬 수치가 빠르게 치솟았다가 곧바로 원래 수치로 회복하는 현상이다. 문제는 회복이 빠르지 않은 때다. 스트레스가 지속되면 부신이 코티솔을 분비하고, 코티솔은 병력의 귀선을 늦추며 장기전을 준비한다. 얼룩말은 사자의 공격을 받더라도 살아남기만 하면 45분 안에 코티솔 수치가 정상화된다. 하지만 인간은 높은 코티솔 수치가 수일, 수주, 수개월까지 유지되는데, 이런 때는 문제가 될 수 있다. 만성적으로 높은 코티솔 수치는 기억을 생성, 저장하는 해마의 세포를 손상시키고 죽이기에 이른다. 심한 스트레스 상황에서 학습이 어려운 이유가 바로 이 때문이다.

해마는 스트레스 반응에서 벗어나는 데 도움을 주기도 한다. "이봐, 지난번에도 이런 때에 난리를 쳤었는데 별일 아니었던 게 생각 안 나? 진정해"라며 나지막이 말하는 친구인 셈이다. 이런 '관점'은 인생의 모든 측면에서 대단히 유용하다. 그러나 PTSD(Post Traumatic Stress Disorder, 외상후 스트레스장애)를 겪는 사람들은 해마가 손상되어서 이런 관점을 갖지 못한다. 과거와 조금만 비슷한 상황이 생겨도 공황 상태에 빠져버린다. 예를 들면 복잡한 쇼핑몰에 있으면서도 과거에 폭발물이 터졌던 바그다드 시장에서의 공황을 연상하는 것이다.

이처럼 스트레스는 두뇌를 혼란에 빠뜨린다. 즉 새로운 아이디어를 탐색하고 문제를 창의적으로 해결하고자 하는 욕구인 뇌파의 일관성을 저해하고, 전두엽피질을 운전석에서 밀어내고 냉정을 되찾거나 학습할 수 있는 융통성을 제한한다. 이 성난 사자가 두뇌 조종석에 앉으면 사바나에서 날카로운 본능을 뽐낼 수 있지만, 2학년 영어 과목에서는 할 수 있는 게 없다. 생존을 위한 투쟁 상태에서 어떻게 문학과 수학에 집중할 수 있겠는가?

이 시스템은 위협을 받는 상황에서 우리가 고용하는 덩치 큰 보디가드와 비슷하다. 위험할 때에는 이보다 듬직할 수 없지만, 항상 옆에 두기는 불편하다. 만성적인 스트레스는 편도체를 확대시키고 성난 사자의 존재감을 키우는 동시에 두려움과 불안, 분노에 대한 취약성도 키운다.

다음의 두 시스템은 가볍게 살피고 뒷 장에서 상세히 다룬다.

도파민(동기부여 시스템) - 치어리더

동기부여 시스템은 도파민을 분비하는 두뇌의 보상 센터이다. 운동 시합에서의 승리, 만족할만한 성적, 주변의 인정 등의 보상은 모두 도파민 수치를 높인다. 반대로 낮은 추진력, 노력 부족, 지루함은 도파민 수치를 낮춘다. 적절한 도파민 수치는 몰입도를 높인다. 몰입에 대해서는 5장에서 다시 이야기할 것이다.

스트레스 분야의 권위자인 로버트 사폴스키는 "도파민은 보상을 받는 일 자체보다는 그 보상을 원하는 일에 관련된 문제이다"라고 한다. 추진력의 열쇠인 도파민은 만성적 스트레스에 특히 취약하다. 무언가를 하고자 하는 것이 어렵고 결과적으로 의욕을 잃게 된다.

디폴트 모드 네트워크(휴식 시스템) - 붓다

20세기의 과학자들은 MRI로 대뇌의 활동을 분석하며 특정한 과제를 수행할 때 대뇌의 어느 지점이 활성화되는지 연구했고, 21세기에 들어서는 우리가 편하게 있을 때 뇌에서 어떤 일이 일어나는지를 연구하기 시작했다. 그들은 두뇌 안에 오로지 '아무것도 하지 않을 때'만 활성화되는 복잡하고 고도로 통합된 네트워크가 있다는 것을 발견했다. 이를 '디폴트 모드 네트워크'라고 한다. 그 기능에 대해서는 이제 막 알아가는 단계지만 대단히 중요하다는 것만은 확실하다. 이 단계에서 두뇌 에너지의 60~80%가 사용되기 때문이다.

디폴트 모드 네트워크

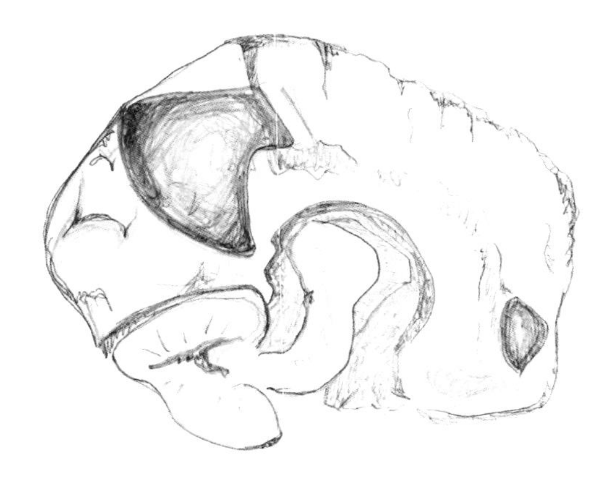

디폴트 모드 네트워크는 두뇌의 앞과 뒤에 집중되어 있으며 우리가 과거나 미래에 대해 생각할 때, 잠자거나 멍하니 있을 때, 공상할 때 활성화된다.

대기실에 앉아 있거나 저녁 식사 후 긴장을 풀고 있을 때, 무언가를 읽거나 텔레비전을 보거나 전화를 이용하지 않는다면 디폴트 모드 네트워크는 과거를 정리하고 미래를 계획한다. 삶을 '처리'하고 있는 것이다. 디폴트 모드 네트워크는 우리가 몽상에 젖어 있을 때, 특정 종류의 명상을 할 때, 잠들기 전 침대에 누워 있을 때 활성화된다. 이것은 자신과 타인에 대한 성찰의 시스템으로 우리가 어떤 과제에도 집중하지 않을 때 활성화되는 두뇌 영역이다. 우리의 일부가 '오프라인' 상태에 들어가는 것이다. 건전한 디폴트 모드 네트워크는 인간의 두뇌가 활기를 찾고, 정보를 영구적으로 기억하고, 복잡한 아이디어를 구체화하고, 창의성을 발휘하는 데에 필수적이다. 이 시스템은 젊은이들이 강한 정체

성과 공감 능력을 발달하는 데에도 관련 있다.

스트레스는 이런 디폴트 모드 네트워크의 능력을 손상시킨다. 과학자들은 기술의 편재성으로 인해 청소년이 디폴트 모드 네트워크를 활성화할 기회가 너무 적고, 그 결과 자아 성찰의 기회도 거의 없다는 데 우려를 표하고 있다.

뇌과학은 한 번에 이해하기에 그 양이 너무 방대하다. 우선 만성적으로 스트레스를 받는 청소년은 두뇌의 고등 기능이 저하되고, 감정적 반응의 발달을 방해하는 호르몬이 늘 흘러넘친다는 것만 기억해두면 된다. 기억, 추론, 주의, 판단, 감정 통제를 맡은 영역이 약화되다가 결국은 손상된다. 시간이 흐르면서 이들 영역은 위축되고 위협을 감지하는 두뇌 영역은 비대해진다. 결국 과민한 스트레스 시스템으로 인해 아이가 불안장애와 우울증을 비롯한 다양한 정신적, 신체적 문제를 겪게 될 가능성이 훨씬 커지는 것이다.

스트레스, 불안, 우울

성공한 재력가들이 모여 사는 워싱턴 D.C.나 팔로알토 등에서는 드물지 않게 고등학생의 연쇄 자살이 일어난다. 그러면 믿을 수 없다는 보도가 쏟아지며 주변인은 이렇게 말한다. "이해할 수가 없어요. 그 애는 우등생이었어요. AP(Advanced Placement, 대학 진학 전에 대학 학점을 취득할 수 있는 고급 학습 과정) 수업을 4개나 들었고 성적은 최상위권이었어요. 또래 그룹에서도 리더였고 스포츠팀에서도 가장 눈에 띄는 선수였다고요. 그런 애가 왜…"

이런 이야기의 이면에는 자살하는 사람이 어떤 식으로든 '게임'에서 진 사람이라는 믿음이 깔려 있다. 어떤 일에 완전히 몰두하고 있는 뇌는 높은 성과를 올리는 동시에, 독성 스트레스를 받는 뇌와 아주 다른 모습을 띤다. 두뇌와 신체에 회복할 시간을 주지 않는다면 만성적인 스트레스는 불안으로 변신한다. 편도체는 점점 커지고 필요 이상으로 민감해진다. 전두엽피질은 차단되고 위협적인 것과 그렇지 않은 것들을 구분할 수 없게 된다. 불안의 세계가 펼쳐지는 것이다. 초식동물이 마음 편히 풀을 뜯어야 할 때도 사자를 계속 의식하는 셈이다.

만성 스트레스는 수면장애, 폭식, 지연, 자기 관리의 의지 저하로 이어지고 도파민을 비롯한 호르몬 수치를 낮춘다. 스트레스는 이렇게 우울증으로 치닫는다. 심지어 만성 스트레스는 무력감으로도 이어진다. 어떤 일을 해도 달라지지 않는다면 새로운 시도를 하고 싶은 마음이 들겠는가? 무력감은 그 사람이 충분히 해낼 수 있는 과제도 할 수 없을 것이라 속삭인다.

그러나 이런 정신적, 정서적 증상의 상당 부분은 예방할 수 있다. 청소년 당뇨나 유전적 자폐증과 달리 불안, 우울증, 중독에는 경험이 중요하다. 이는 행동의 변화로 수치를 낮출 수 있다는 말이기도 하다.

스트레스 관리의 중요성

독성 스트레스는 어떤 나이에든 좋지 않지만 다른 때보다 더 문제가 되는 시기가 있다. 섭식장애가 성장기의 신체에 심각한 영향을 주듯이, 만성 스트레스는 발달 중인 젊은 두뇌에 대단히 파괴적인 영향을 미친다.

두뇌가 스트레스에 가장 민감해지는 첫 시기는 출생 전이다. 임산부가 스트레스를 많이 받으면 스트레스에 더 민감한 아이를 낳는 경향이 있다. 두 번째는 신경회로가 특히 영향을 잘 받는 영아기이고, 마지막이 바로 모두 예상하듯 사춘기이다.

사춘기의 두뇌는 대단히 활동적이기 때문에 좀 더 살펴보기로 하겠다. 12~18세의 청소년기는 출생 후 몇 년을 제외하면 인생의 어느 때보다 두뇌의 발달이 활발한 시기이다. 사춘기의 두뇌는 중요한 새 경로와 연결을 만든다. 하지만 판단 영역인 전두엽피질의 인지 기능은 25세 전후가 되어야 성숙한다. 심지어 정서 통제 기능은 32세 전후에야 온전해진다. 그런데 이 시기에 스트레스 대응 시스템이 장기간 활성화되면 전두엽피질은 제대로 발달하지 못한다. 이것은 정말 심각한 문제이다. 10대 때는 어린이나 성인보다 스트레스에 더욱 취약하기 때문이다.

특별한 스트레스 요인을 경험하지 않은 정상의 청소년도 스트레스에 민감한 반응을 보인다. B. J. 케이시가 주도한 코넬대학의 연구에서는 실험 대상자들에게 놀란 얼굴 사진을 보여주었다. 이때 청소년은 어린이나 성인에 비해 훨씬 더 민감하게 반응하고, 여러 사람 앞에서 이야기할 때도 더 민감한 스트레스 반응을 보였다. 동물 연구에 따르면 장기간 스트레스를 겪은 성인의 뇌는 회복에 10일 정도가 걸리는 반면 사춘기 뇌는 3주가 걸린다고 한다. 청소년은 스트레스 내성에 있어서도 성인보다 취약하다. 그들은 감기, 두통, 배탈 등 스트레스와 연관된 질병에 걸릴 가능성도 훨씬 크다.

2007년의 한 연구를 봐도 10대가 스트레스에 훨씬 민감할 수 있다는 결과를 보여준다. 동물은 스트레스에 대한 반응으로 보통 스테로이드라고 불리는 THP를 분비해 신경 세포를 안정시키고 불안을 줄인다. 하지만 이 연구에 따르면 성인 쥐는 THP가 두뇌에 진정제 역할을 한 반면, 사춘기 쥐는 THP의 영향이 미미했다. 이는 청소년이 스트레스에 보다 취약하고 거기에 대응할 방법도 적다는 것을 의미한다. 해소되지 않는 불안이 쌓여가는 것이다.

우울증도 마찬가지다. 우울증은 뇌에 '흉터'를 남긴다. 흉터 때문에 다음 우울증의 역치는 점점 낮아지고 결국 환경적 스트레스 요인이 없어도 만성적으로 우울증을 보이게 된다. 청소년기에 심한 우울증을 한 번이라도 겪은 성인은 일과 인간관계, 인생에서 장기적으로 문제를 보일 가능성이 크다. 10대는 완전히 회복된 듯이 보여도 비관주의나 수면장애, 식욕 부진 등 지속적인 문제를 겪을 확률이 더 높고, 이로 인해 평생 우울증에 취약해진다.

빌은 제라드가 10세일 때 처음 만났다. 그의 ADHD를 치료하기 위해서였다. 제라드는 유머와 재치가 있어 함께 있으면 즐거운 아이였고, 이런 성격 덕분에 많은 사랑을 받았다. 모두가 그를 그늘 없는 아이라고 불렀다. 어떤 문제도 그에게 영향을 주지 못하는 것처럼 보였기 때문이었다. 다음으로 제라드를 진료하게 된 것은 그가 16세, 고등학교 2학년인 때였다. 그는 학교에서 좋은 성적을 거뒀고 듀크대학에 들어가기 위해 의욕을 불태우고 있었다.

그러나 빌은 제라드가 고등학교에 들어간 이후 우울증을 앓고 있으며 그때부터 항우울제를 먹고 있다는 것을 어렵게 알아냈다. 그는 빌에게 학교에서 큰 스트레스를 받고 항상 피로가 겹쳐 '궁지에 몰렸고' 그로 인해 비관적으로 변했다고 했다. 거기에는 새벽 늦게까지 숙제하는 것도 큰 몫을 차지한다고 했다. 또 제라드는 일찍 자면 안 된다는 생각에 사로잡혀 있었다. "제가 일찍 잠들 때 다른 아이는 공부하고 있으면 어쩌나 하는 생각이 들어요. 그 아이가 저 대신 듀크대학에 들어갈까 봐 겁이 나요."

제라드가 평생 우울증에 시달릴 운명이라는 이야기는 아니다. 하지만 그는 우울증 발병에 보다 취약한 삶을 살 것이다. 이 이야기는 아이가 장기간 피로와 스트레스에 시달릴 때 극적인 변화가 일어날 수 있다는 것, 타고나길 느긋한 기질에도 스트레스가 큰 흉터를 남길 수 있다는 것을 뚜렷이 보여준다. 빌이 '장기간의 지나친 피로와 스트레스가 불안과 우울증으로 이어진다'는 공식을 찾아낸 것도 제라드 같은 아이들을 면담하면서였다.

우리는 입시보다 인생을 대비해야 한다

우리 사회는 '열심히만 한다면 못할 것이 없다'라고 생각하는 경향이 있다. 이 사고에 따르면 '성공하지 못했다면 열심히 하지 않았다'라는 결론에 이르게 된다. 하지만 사람마다 타고난 적성이나 두뇌가 작동하는 방식에 큰 차이가 있다. 저마다 두뇌의 처리 속도, 기억, 스트레스 내성이 다르다. 열심히 했지만 원하는 것을 얻지 못할 수도 있다. 여기에서의 진짜 문제는 그런 차이를 어떻게 받아들이는가이다. 그것을 자신의 가치에 대한 평결로 받아들일 것인지, 다른 방법을 시도해볼 것인지, 그것도 아니면 다른 목표를 추구할지 말이다.

이런 역학이 가장 생생하게 펼쳐지는 곳이 대학입시이다. 입학 사정이 오로지 실력에만 좌우된다는 생각은 큰 스트레스를 준다. 물론 사실도 아니다. 대학은 학문적인 면에 큰 가치를 두는 동시에 다양한 이력과 특기에 우선권을 부여하기도 한다. 하버드는 내신 4.0, SAT 1400 이상에 매사추세츠 출신인 부유한 백인 학생들만으로도 신입생을 모두 채울 수 있겠지만 그렇게 선발하지 않는다. 그럼 이제 1지망 대학 진학 실패가 충분히 노력하지 않았다는 의미가 될까? 당연히 그렇지 않다. 그해 지원자의 구성이나, 그날 입학사정관의 기분이나, 지원자의 당일 컨디션 등 개인이 통제할 수 없는 무수한 요인이 있다. 그런데도 모든 문제를 개인의 책임으로 돌리고 통제할 수 없는 것들을 통제할 수 있다고 착각할 때, 우리는 위험 영역에 발을 들이게 된다.

이 책의 가장 큰 목표는 아이들이 스트레스 내성을 길러 스트레스 상황에서도 좋은 성과를 올리고, 부모가 스트레스를 쌓아두기보다는 떨치도록 돕는 것이다. 스트레스 내성은 모든 성공과 밀접한 관련이 있다. 아이들에게 압박을 주지 않으면서 그들의 도전 의식을 북돋고 능력을 최대한 발휘하게 도와야 한다. 그러면서 아이들이 어느 정도 긍정적이거나 견딜 만한 스트레스를 경험하기를 바란다. 단, 적절한 지원과 함께 말이다.

우리는 그들의 두뇌가 강하게 성장하는 데 필요한 모든 기회와 지원을 제공하고자 한다. 그리고 이 방법을 탐색하다 보면 이야기는 결국 삶의 통제감으로 되돌아온다. 이 말이 의미가 무엇인지는 다음 장에서 명확하게 드러난다.

오늘 밤 할 일

- 아이가 가진 통제력 목록 만들기. 그 목록에 더할 수 있는 것이 있는지 생각해보기.
- 자녀에게 현재 책임지고 있지 않은 일 중에서 자신이 책임을 맡고 싶은 일이 있는지 물어보기.
- 계획을 이야기할 때 쓰는 언어 점검하기. "오늘은 이것을 하고 다음엔 저것을 할 거야"라고 말하는지, 아니면 선택지를 제시하는지.
- 자녀가 10세 이상일 경우 이런 식으로 말해보기.

"대단히 흥미로운 것을 읽었어. 인생에는 스트레스를 줄 수 있는 일 4가지가 있다는 거야. 첫째는 새로운 상황, 둘째는 예기치 못한 상황, 셋째는 상처를 받거나 비난을 받거나 당황했다고 느끼는 상황, 넷째는 일어날 일을 통제할 수 없다고 느끼는 상황이래. 이 이야기가 흥미로웠던 것은 내 경험 때문이야. 나는 일할 때 무엇인가를 해낼 것이라는 기대를 받고 있는데 그 일에 필요한 모든 것을 내가 통제할 수 없을 때 큰 스트레스를 받거든. 너는 어떨 때 큰 스트레스를 받니?"

자신의 스트레스를 확인하고 이야기하는 것은 스트레스 의식의 본보기를 보이는 과정이다. 이는 스트레스의 영향을 제한하는 데 대단히 중요한 단계이다. 속담에도 있듯이, "길을 들이려면 이름부터 붙여야 한다."

- 불안해하는 아이에게 안전하다고, 당신이 옆에 있다고 알려주기. 단 과도하게 안심을 시켜서는 안 된다. 아이에게 인생의 스트레스를 다룰 수 있는 능력이 얼마든지 있으며 당신이 그렇게 믿고 있음을 알리기. 하지만 아이가 지금 느끼고 있는 불안을 축소시키거나 아이 대신 처리하려고 하지는 말기.
- 의도했든 의도하지 않았든, 아이가 성장의 바탕이 되는 약한 스트레스 상황을 경험하는 것을 막아 아이를 보호하려고 하지는 않는지 생각해보기. 안전에 집착하고 있지는 않은지, 아이에게 더 많은 자율성을 허락하거나 더 많은 선택안을 줄 수 있는 상황은 없었는지.

"숙제로 싸우기엔 내가 너를 너무 사랑한단다."

15세인 조나의 부모는 숙제를 싫어한다는 이유로 빌을 찾았지만, 조나는 사실 숙제보다 부모의 통제를 더 싫어했다. 조나는 자신의 평범한 저녁 일과를 이렇게 말했다. "우리는 보통 6시부터 6시 30분 사이에 저녁 식사를 해요. 그런 다음 저는 6시 30분부터 7시까지 TV를 볼 수 있어요. 그리고 7시부터 8시 30분까지는 숙제하는 척을 하죠."

1시간 30분 동안 숙제하는 '척'을 한다고? '척'에 쏟기에는 너무나 큰 에너지가 아닌가! 조나의 입장에서도 차라리 숙제를 해치우는 편이 낫지 않을까? 하지만 이제부터의 이야기를 들으면 조나의 마음이 이해되기 시작할 것이다.

"좋은 대학에 입학하는 건 인생 최대의 기회 중 하나야. 넌 그 기회를 날리는 중이고."

"나이가 들면 우리에게 감사하게 될 거야."

"하기 싫은 일도 할 줄 알아야 해."

"편한 책상에 앉아서 공부도 못하면 어떻게 인생에서 성공할 수 있겠니?"

물론 좋은 의도가 담긴 조언이다. 동시에 이 메시지들의 함의는 이렇다. '우리는 너에게 무엇이 좋은 일인지 정확히 알고 있어. 너는 아직 어려서 모르지만.' 이 말이 옳은 조언이라고 생각하는가? 그럼 배우자가 이렇게 말한다고 생각해보라.

"오늘 하루는 어땠어요? 지금 맡은 프로젝트는 어때요? 이번 프로젝트가 특히 중요하다는 건 잘 알고 있죠? 항상 재미있을 순 없단 거 알아요. 하지만 승진은 해야죠. 더 나은 미래를 그리려면요. 그런데 당신은 최선을 다하는 것 같지 않아요. 더 잘할 수 있잖아요."

무슨 말인지 느낌이 오지 않는가? 이렇게 끔찍한 소리를 조나에게 하고 있는 것이다. 이 상황에서 그가 능동적으로 선택할 수 있는 유일한 일은 숙제 거부뿐이었다.

물론 조나의 부모도 이해는 간다. 그들은 조나가 충분히 능력이 있지만, 너무 고집불통에 자제력이 없어서 제 능력을 발휘하지 못하고 있다고 생각했다. 그들은 큰 그림을 봤지만 조나는 그렇지 못했다. 이런 압박은 조나가 성공하기를 바라서만은 아니다. 그것이 부모의 책임이라고 생각하기 때문이다. 하지만 잔소리와 호통으로 아이가 공부하게 된다면 세상에 어떤 아이인들 공부를 못하겠는가?

많은 부모가 잔소리와 호통으로 아이의 행동을 바꾸려 하지만, 그런 사고방식은 버려야만 한다. 반드시.

잔소리와 호통은 아이에게 부정적인 영향만 미칠 뿐이다. 이런 환경에서 아이들은 '이것은 너의 일이다. 이것은 너의 인생이다. 네가 뿌린 것만 거둘 수 있다'는 메시지를 전혀 받지 못한다. 아이들에게는 누구도 억지로 공부시킬 수 없다는 점을 이해하는 부모가 필요하다. 조나가 정확히 이런 경우다. 빌은 오랜 시간에 걸쳐 조나 같은 성향의 아이들이 큰 성공을 거두는 것을 지켜봤다. 하지만 이런 성공은 부모와 교사가 아이에게 스스로 생각할 기회를 줄 때만 가능하다.

이 장에서 우리는 왜 아이를 통제하려는 노력이 바라는 결과를 내지 못하는지, 또 통제가 내적 동기의 발달을 어떻게 저해하고 타인의 지배가 필요한 아이로 만드는지를 설명할 것이다. 또 관리자로서의 부모 대신 조언자로서의 부모라는 관점을 제안할 것이다.

탁월한 비즈니스 컨설턴트가 어떻게 말하는지 생각해보라. 그들은 문제가 무엇인지, 어떤 문제가 가장 중요한지 물으면서 목표에 이르기 위해 고객이 무엇을 내놓을 수 있는지를 묻는다. 조언은 하지만 고객에게 변화를 강요하지는 않는다. 결국 선택은 그들의 몫이 아님을 알기 때문이다.

어쩌면 지금 '아이 얘기를 하고 있잖아. 아이는 고객이 아니야'라고 생각할지도 모른다. 맞는 말이다. 그런데 아이의 삶이지, 부모의 삶이 아니라는 말은 틀렸는가?

아이가 유아라면 그들의 모든 측면을 부모가 관리하는 게 당연하다. 하지만 신생아조차 놀랍도록 자신의 개성을 주장할 때도 있다. 잠을 자지 않거나 먹지 않으려는 아기를 생각해보라. 신생아학과 유아개발 분야의 전문가들은 아기의 성향과 필요에 맞추어줄 필요성을 강조한다.

의욕 부족, 또래 관계, 성적 부진에 대한 걱정으로 우리를 찾는 부모에게 먼저 간단한 질문을 던진다. "그게 누구의 문제입니까?" 그러면 부모들은 종종 의아한 표정을 짓는다. 아이가 친구들에게 따돌림당하거나, 교사에게 비난을 당해 울고 있을 때면 그것이 마치 내 문제처럼 느껴질 것이다. 아이가 상처받으면 부모도 상처받는다. 아이가 홀대받는 상황보다 부모를 자극하는 일이 있을까? 시간이 지나며 아이는 잊어도 부모는 잊지 못할지도 모른다. 하지만 그럼에도 결국 그것은 아이의 문제이지, 부모의 문제가 아니다.

아이를 사랑할수록 관점을 전환하기가 힘겹다. 하지만 마음을 내려놓아야만 한다. 회사가 목표 달성에 실패했을 때 컨설턴트가 평정을 잃는다면 컨설팅은 의미를 잃는다. 부모의 역할은 아이의 문제를 대신 해결해주는 것이 아니다. 아이가 자신의 삶을 스스로 꾸릴 수 있게 도움을 주는 것이다. 이런 관점 전환은 아이들을 안내하고, 지원하고, 가르치고, 도와주고, 한계를 설정하되 아이는 물론 우리 자신에게도 아이의 삶이 그 자신의 것임을 확실하게 해야 한다는 의미이다.

부모는 아이에게 자신의 모든 것을 투자한다. 그런 상황에서 자신의 영향력이 얼마나 미약한지 직시하기란 꽤나 끔찍한 일일 수 있다. 이럴 때면 에크하르트 톨레가 한 말을 곱씹으며 마음을 다잡아보자.

"그들은 당신을 통해 이 세상에 왔지만 '당신의 것'은 아니니다."

숙제 전쟁

"저녁 식사 때부터 잠자리에 들 때까지의 시간이 너무 두려워요. 우리는 온종일 싸우거든요." 혹은 "전쟁터나 다름없죠." 부모들은 숙제를 흔히 전쟁에 비유한다. 조언자 모델에 대한 부모들의 의혹을 해소하기에 숙제보다 적절한 문제는 없다. 이 장에서는 숙제라는 문제를 다루지만 실제로는 그보다 훨씬 광범위한 이야기를 한다. 먼저 숙제를 두고 싸우면 안 될 3가지 이유를 들어보자.

첫째, 아이가 스스로 믿지 않는 규칙과 태도를 강요한다

어떤 아버지는 10세인 딸에게 미 대륙 50개 주의 주도州都를 모두 암기하는 것이 얼마나 중요한지 이야기하며 말했다. "저는 법학대학원을 나왔지만 와이오밍의 주도도 모릅니다." 아이는 자신과 달랐으면 하는 의미는 알겠지만, 이 방법으로 아이가 주도를 외울지는 의문이다. 부모들은 근본적인 목표, 즉 호기심을 갖는 자발적인 학습 의지를 키워줄 목표를 세워야 한다. 하지만 근본적인 목표는 도외시한 채 눈앞의 숙제 감시만 한다.

둘째, 부모가 극성이면 아이는 오히려 약해진다

부모가 아이를 위해 95의 에너지를 쓴다면 아이는 5의 에너지만 쓰게 된다. 부모의 몫을 늘려서 아이를 더 열심히 단속하는 데 98의 에너지를 쓴다면 아이는 단 2의 에너지만을 쓸 것이다. 조나의 부모가 조나의 숙제에 관여하면 할수록 조나는 더욱 아무 일도 하지 않게 됐다. 이런 역학은 에너지의 구도가 변할 때까지 바뀌지 않는다. 정말로 화가 난 부모가 "이제 네 맘대로 해버려!"라고 말할 때까지 말이다.

부모가 아이의 숙제 감독을 자처할수록 아이는 숙제의 책임이 부모에게 있다는 오해를 강하게 한다. 아이는 숙제에 대해 생각할 필요가 없다. 결국 부모가 숙제를 어떻게든 처리해준다는 사실을 알기 때문이다.

셋째, 아이가 싫어하는 걸 강요할 수 없다

그래도 뭔가 해야겠는가? 그 노력 끝에는 좌절감밖에 남지 않을 것이다. 당장 이 이야기가 납득되지 않을 수 있으니, 한번 잘 살펴보자.

라인홀드 니부어의 '평온을 비는 기도'를 들어본 적이 있을 것이다.

"주여, 제가 바꿀 수 없는 것을 받아들이는 평온을, 바꿀 수 있는 것을 바꾸는 용기를, 그 둘의 차이를 알 수 있는 지혜를 허락해주옵소서." 부모로서 마음에 새겨두면 좋을 말이다. 아래는 할 일을 좀 더 명확하게 설명하는 주문이다.

- 아이의 의지에 반하는 것을 하게 만들 수는 없다.
- 아이가 원치 않는 것을 원하도록 만들 수는 없다.
- 아이가 원하는 것을 원치 않도록 만들 수는 없다.
- 아이의 바람대로 해도, 적어도 지금까진 문제가 없다.

강연에서 의지에 반하는 것을 하게 할 수 없다는 이야기를 하면 많은 사람이 고개를 끄덕인다. 하지만 반대하는 사람도 있다. 빌이 일단의 교사와 개인 지도 교사에게 이 이야기를 하자 한 교사가 화난 채로 말했다. "아니요, 할 수 있어요. 저는 항상 아이들이 행동하게 만들어요." 하지만 이 말은 틀렸다. 아이가 자기 몫의 음식을 먹고 싶어 하지 않는데 먹도록 '만들려' 한다고 해보자. 어떻게 할 것인가? 아이의 입을 억지로 벌리고 음식을 밀어 넣어 턱을 위아래로 움직여서? 만일 그렇다면 이때 먹고 있는 것은 누구인가? 아이는 먹고 있는 것이 아니다. 그는 억지로 먹임 '당할' 뿐이다. 숙제도 마찬가지다. 만약 아이가 숙제를 하지 않으려 반항한다면 어떻게 하겠는가? 아이의 눈을 억지로 뜨게 한 뒤 책을 눈앞에 들이밀 생각인가? 설혹 그렇게 숙제를 한다 해도, 아이에게 정말 도움이 될까? 아이가 정말로 배움을 얻을 수 있을까?

아이들을 물리적으로 통제하거나 아주 부담스러운 결과를 들이밀어서 우리가 원치 않는 일을 하지 않도록 막을 수 있다. 발길질하고 소리를 지르는 아이를 치과에 데려다 놓는 것처럼. 혹은 아이에게 하는 제안을 재구성할 수도 있다. 유인을 제공하거나 위협할 수도 있다. 하지만 아이들이 무언가를 하게 만드는 것 자체는 불가능하다. 우리는 영화 '시계태엽 오렌지'처럼 기계에 연결해 인간의 행동을 통제하는 세상에 살지 않는다.

우리가 할 수 있는 일은 어떤 과제를 조금이나마 매력적으로 보이게 해 아이들이 하게 만드는 것뿐이다. 그러나 이 방법마저도 단기적으로는 효과가 있는 듯 보이지만 장기적으로는 무용하다. 이는 마치 두려움과 같다. 그 순간에는 서둘게 만들지만, 장기적으로는 부정적인 영향이 큰 단기적 동기인 것이다. 대신 아이가 무엇인가를 하도록 만들 수 없다는 현실을 받아들이면 부담을 벗어던질 수 있다. 아이에게 무언가를 강요하는 자신을 발견하게 되면, 잠시 하던 일을 멈추고 이렇게 되새겨보라.

"결국 아이는 자기가 하고 싶은 일을 할 거야, 내가 원하는 일을 하게 할 수는 없어."

빌은 조나의 부모에게 조나를 통제하려 할수록 아이의 반작용에 불을 붙인다고 설명했다. 비록 그것이 자신의 이익에 반하더라도 말이다. 조나는 숙제의 책임이 자신에게 있음을 분명히 해야 반작용에서 헤어나올 수 있는 상황이었다. 빌은 조나의 선택이 조금은 못마땅하더라도 굳이 티 낼 필요는 없다고 부모를 설득했다. 아이와 편안한 시간을 보내기 위해서는 매 순간 아이를 '일깨워야 한다'는 생각을 덜어내야만 한다.

"그래서 아이가 실패하는 꼴을 그냥 두고 봐야 한다는 말씀이세요?" 부모가 물었다. 이 질문은 흔한 오해를 보여준다. 부모들은 독재나 허용, 이 두 길만 있다고 생각하곤 한다. '독재형 양육(autocratic parenting)'은 아이의 순종에, '허용형 양육(permissive parenting)'은 아이들의 행복에 중점을 둔다.

하지만 매들린 리바인이나 로렌스 스타인버그 등 명망 있는 아동 발달 분야의 전문가들은 대부분 세 번째 옵션인 '권위형 양육(authoritative parenting)'을 지지한다. 권위형 양육에는 통제가 아닌 지지가 수반된다. 권위형 부모는 아이를 존중하기 때문에 그들의 협력을 원하며 아이들이 직접 경험하고 배우기를 바란다. 도합 60년에 걸친 우리의 연구는 권위형 양육이 가장 효과적인 접근법이라는 사실을 입증한다. 권위형 양육은 스스로의 방향 결정을 강조하며 순종보다는 성숙에 가치를 둔다.

"나는 네 성공을 돕고 싶어. 그렇다고 뭔가를 네게 억지로 시키진 않을 거야"라는 메시지를 전한다. 권위형 부모는 아이들에게 무제한의 자유를 주지 않는다. 한계를 설정하고 적절치 않다는 느낌이 들면 지적하되 통제하지는 않는다. 아이들의 입장에서 보면, 발달 중인 두뇌가 자신의 이익에 공연히 반하는 일에 에너지를 쓸 필요가 없어지는 것이다.

조나의 부모는 이 조언을 받아들였다. 조나의 어머니는 "오늘 숙제 있니?"라고 묻는 대신 "오늘 밤에 내가 도와줄 일이 있니? 그걸 알면 저녁 계획을 세울 수 있을 텐데"라고 말하기 시작했다. 이제 조나가 원할 때만 돕겠다는 의사를 밝힌 것이다. 또 아이가 혼자 조용히 공부할 수 있는 공간도 마련했다. 동시에 이렇게 못을 박는 것도 잊지 않았다. "네 숙제를 시키는 게 우리의 몫인 것처럼 굴지 않을 거야. 그런 방법은 너를 약하게 만들 뿐이니까." 이후 조나의 이야기가 다시 등장할 때 알게 되겠지만, 이 방법은 효과가 있었다.

두뇌는 왜 조언자 모델을 좋아할까

두뇌 발달에 대한 연구를 접한 부모들은 이렇게 말한다. "아이가 배움에 책임을 다할 것이라고 어떻게 믿을 수 있죠? 아이는 아직 어리잖아요." 어느 정도는 맞는 이야기다. 아이의 판단력은 아직 발달 중이기 때문이다. 동시에 바로 거기에 답이 있다. 아이들에게는 발달의 과정이 필요하다. 그리고 발달이란 감당할 수 있는 것보다 더 큰 책임이 부여될 때 이뤄진다. 아이가 혼자 숙제를 제시간에 제출할 정도가 되어야 관리에서 손을 떼도 되겠다고 생각하는 것은 오산이다. 그때는 너무 늦다. 앞서 이야기했듯이, 감정을 통제하는 전두엽피질은 30대 초반이 되어야 성숙한다. 그렇다면 아이가 서른이 될 때까지 기다려야 할까?

두뇌는 쓰는 만큼 발달한다. 어린 시기부터 스스로 결정할 기회를

줘야 한다. 아이는 때로 잘못된 선택을 하고, 그에 따른 스트레스를 받으며, 회복에 필요한 회로를 구축하게 된다. 자신의 옷을 사거나 방을 꾸미는 등 작은 일에서부터 환경을 주도적으로 통제하면 전두엽피질이 활성화되고, 효과적으로 발달한다. 이런 삶의 통제감을 통해 강화된 두뇌의 '조종사'는 어지간한 스트레스에도 '성난 사자'를 부르지 않고 스스로 스트레스에 대응할 수 있게 된다. 즉 5세 아이가 직접 고른 이상한 옷을 입을 때, 아이의 전두엽피질은 한층 활성화되는 것이다. 강해진 '조종사'는 시험장에 앉아 있을 때나 친구 관계에서 파국을 맞는 등 강렬한 상황에서도 제 역할을 한다.

이런 말을 들은 적이 있는가? "잘 해내야 할 가치가 있는 일이라면 형편없는 시작의 과정 역시 소중하다." 이러한 역량을 기르기 위한 모델 4단계를 살펴보자.

1단계 - 무의식적 무능

"괜찮아. 수학 공부를 안 해도 잘할 수 있어"라고 스스로 과신하는 경우이다. 지금 이 아이는 아무것도 모르는 상태다. 이럴 때면 조언자의 방향에서 이탈하기가 쉽다. 시험이 코앞인 아이를 당장이라도 도와야 할 것 같다. 하지만 아이가 도움을 원할 리 없다. 지금은 아이가 자신의 무능을 깨닫게 할 방법이 없다. 또 그렇게 해서도 안 된다. 이 아이는 큰 실패를 마주할 것이다. 하지만 실패가 곧 배움의 기회라는 점만 잘 인지해도 귀중한 교훈을 얻게 될 것이다.

2단계 - 의식적 무능

아이는 이제 이렇게 생각한다. "망했다! 수학 공부를 좀 해야겠어." 아이는 여전히 수학에 대해서 아는 것이 없다. 하지만 자신이 알지 못한다는 것은 확실히 알게 되었다. 아이는 공부를 시작할 것이다.

3단계 - 의식적 유능

아이는 생각한다. "정말 열심히 공부했어. 이제 시험을 잘 볼 수 있을 거야." 이제 이 말은 과신이 아니라 자신감이다. 아이들이 이 단계까지 오면 부모는 대단히 기쁠 것이다. 여기가 우리가 생각하는 이상적 상태이다.

4단계 - 무의식적 유능

세월이 흘러 아이는 이제 부모가 되었다. 그는 수학을 아주 오랫동안 해왔기 때문에 수학을 따로 의식조차 하지 않는다. 그에게 수학은 숨쉬기만큼 쉬운 일이기에 딸 아이가 수학을 왜 못하는지 이해할 수 없다. 아이들은 집을 떠나기 전에 읽기나 신발 끈을 묶는 일 등 몇몇 영역에서 무의식적 유능의 상태에 이르게 될 것이다. 그렇지 않은 부분에 대해서 4단계에 이르지 않았다고 걱정할 필요는 없다.

우리는 아이들이 3단계, 즉 의식적 유능의 단계에 이르기를 바란다. 그러나 1, 2단계를 거치지 않고서는 의식적 유능에 이를 수 없다. 이 말은 아이를 내버려두라는 말이 아니다. 부모는 언제나 아이 뒤에서 지원과 지도를 아끼지 말아야 한다.

대부분은 조나의 부모처럼 한발 물러서는 것만으로 충분하다. 많은 아이들이 처음에는 허둥댄다. 하지만 아이들은 차츰 상황에 대처하는 방법을 익힌다. 조나도 마찬가지였다. 부모와의 관계는 나아졌지만 성적은 계속 제자리였다. 그러던 중 조나는 생활지도 카운슬러를 만났고, 졸업에 필요한 조건을 충족시키지 못하면 고등학교를 1년 더 다녀야 한다는 이야기를 들었다. 이 말은 그가 친구들과 함께 졸업하지 못한다는 뜻이었다. 그는 제때 졸업하기 위해 공부를 제대로 시작했다. 현재 그는 심리학을 전공하며 대학 생활을 충실히 해내고 있다.

조나의 이야기에는 또 다른 교훈이 있다. 교사는 가르치고, 카운슬러는 졸업 조건을 설명해준다. 그럼 부모의 역할은 무엇일까? 바로 '아이를 무조건적으로 사랑하고 아이에게 집이라는 안전한 기반을 제공하는 것'이다. 학교나 삶의 다른 부분에서 스트레스를 받은 아이들에게 집은 피난처이자 휴식처가 되어야 한다. 깊은 사랑을 받고, 이를 느끼는 아이들에게는 어려움을 이겨내는 회복력이 길러진다. 숙제를 두고 아이들과 싸우다 보면 온갖 스트레스가 집에 뿌리를 내리게 된다. 그러니 잔소리하고, 말다툼을 벌이고, 끊임없이 숙제를 상기시키는 대신 "숙제 따위를 두고 싸우기에는 나는 너를 너무 사랑한다"라는 주문을 외워라.

술래잡기 도중에 '베이스(base, 기반)'를 외치면 쉬면서 재정비하겠다는 뜻이다. 집이 안전한 베이스가 될 때 아이들은 집 밖에서 건전한 방식으로 가능성을 탐색할 수 있다. 그들은 주기적으로 베이스에 돌아와서 자신이 안전하다는 것을 확인한다. 그런 안정감이 없으면 10대들은 다른 방향으로 움직인다. 어딘가 다른 안전한 베이스를 만들려는 절박함에 기회만 있으면 집을 떠나거나, 혹은 자기 내면으로 침잠한다. 집에서 받는 스트레스가 커지면 아이들이 일탈할 가능성도 훨씬 커진다. 스트레스를 떨칠 나름의 방법을 찾는 것이다.

최근 한 부모는 아이와 싸우지 않기로 결정한 뒤 "과열된 집안의 온도가 내려간 것 같다"라고 말했다. 한 손으로는 박수 칠 수 없다. 싸움에 응하지만 않는다면 싸움은 멈춘다. 수년 동안 수십 명의 부모들이 안전한 베이스라는 개념과 "숙제를 두고 싸우기에는 너를 너무 사랑한다"라는 메시지가 가족 관계를 얼마나 바꿀 수 있는지 경험했다.

"하지만…" 조언자로서 겪는 문제

조언자 모델을 실행하는 것이 말처럼 쉽지 않기는 하다. 대부분의 부모가 머리로는 알면서도 어느새 감시자처럼 굴게 된다는 이야기를 한다. 여기 부모들이 가장 흔히 겪는 문제와 대응법을 소개한다.

"그냥 놔두니 애가 일주일 동안 숙제에 손도 안 댔어요. 효과가 없는 게 분명해요."

아니다. 제대로 되고 있다. 아이는 부모의 개입이 없는 상태에서 숙제하지 않는 게 정상이다. 아이에게 책임을 넘기면 아이가 침착하게 그

책임을 이어받을까? 그렇지 않다. 상황이 변함에 따라 아이도 부모도 새로운 상태에 적응하고 새로 필요한 기술을 개발할 시간이 필요하다. 길게 봐야 한다. 누구도 처음부터 잘 해낼 수는 없다. 자신이 무엇을 모르는지 직접 배워야 차츰 의식적인 유능의 단계에 도달할 수 있다.

"자유방임주의 양육을 하라는 말인가요?
아이들이 원하는 대로 하도록 놓아두라는 뜻 같네요."

절대 그렇지 않다. 지켜보되, 한계를 정해둬야 한다. 이 2가지에 대해서는 다음 장에서 다루게 될 것이다. 아이들은 정말 자신이 할 수 없는 일은 어른들이 도와주리란 걸 알 때 더 자발적인 태도를 보인다. "죽이 되든 밥이 되든 알아서 해"라고 말해서는 안 된다는 뜻이다. 매 단계에서 조언이라는 형태의 안전망을 제공해야 한다. 아이에게 걱정하는 점이 무엇인지 이야기하고 확실히 이해할 때까지 설명한다. 단, 여전히 키를 잡는 사람은 아이여야 한다. 부모가 자신이 키를 잡은 것처럼 생각하기 때문에 무책임하게 보이는 것이다.

"우리 아이는 절대 스스로 음악 연습을 하지 않아요. 저는 아이가 음악을 배우는 것이 중요하다고 생각해요."

두뇌 발달에 음악보다 좋은 것도 드물다. 하지만 무엇이든 때가 있는 법이다. 빌은 절대음감을 타고나 악보를 일일이 읽기가 짜증스러웠다. 레슨 4달째에 빌은 피아노를 그만두겠다고 했고, 부모님도 허락했다.

6년 후 비틀스가 미국에 왔고, 이를 보고 빌은 다시 음악을 시작했다. 지금도 빌은 매주 록 밴드에서 연주하며 음악을 즐긴다. 그는 부모님 허락으로 레슨을 중단한 많은 아이가 이후에 자발적으로 음악을 열정적으로 배우는 걸 봤다.

많은 아이가 학교 밴드나 오케스트라 활동을 인생에서 가장 즐거운 경험 중 하나로 생각한다. 하지만 별로 좋아하지 않아도 열심히 연습하는 아이도 많다. 그들은 부모가 원하는 것을 하고 있고 때로는 특정한 곡을 연주할 수 있다는 데 자부심을 느끼기도 한다. 문제는 연습을 '정말로' 싫어하는 아이를 어떻게 하느냐이다. 정말로 싫어하는 아이에게 억지로 연습을 시키기란 불가능하다. 이 문제도 결국 아이와 상의하고 도움을 주되 강요는 하지 말아야 한다.

많은 사람이 음악에서 큰 행복감을 얻는다고, 배우기가 쉽지는 않지만 그만한 가치가 있다고 말해줘라. 그래서 음악을 배우면 좋겠다고 말하라. 하지만 아이를 정말로 사랑하며 이 문제로 아이와 싸우고 싶지는 않다는 점, 당장 연습 때문에 음악을 즐길 수 없게 하고 싶지 않다는 점도 이야기해야 한다. 필요하다면 연습 시간에 함께 있어 줄 수도 있고, 연습하고 싶지만 몸이 따라주지 않는다면 약간의 장려책을 제공할 수도 있다고 이야기하라.

아이가 정말 하기 싫어한다면 우선 레슨을 중단하고 아이를 지켜보자. 원하면 언제든 다시 시작할 수 있다. 계기가 있다면 생각지 못한 때에 연주를 원하게 될 수도 있다. 그것도 아니라면 대부분의 성인은 악기를 연주할 줄 모르고, 음악만이 삶을 풍요롭게 하는 요소가 아님을 떠올리면 된다.

"운동은 어떤가요? 운동은 매우 중요한 활동입니다. 특히 남자아이들의 경우 한 팀에서 운동하는 것은 또래 관계에 큰 영향을 주죠. 하지만 우리 아이는 강요하지 않으면 운동을 하지 않아요."

팀 스포츠를 싫어하는 아이들도 꽤 있다. 이런 자녀를 둔 부모들은 곤란함을 느낀다. 부모들은 운동의 효능을 알고 팀의 일원이 되는 경험은 사회적 측면에서도 중요하다는 것을 알기 때문이다. 하지만 이 문제도 마찬가지이다. 억지로 하는 운동은 모두에게 고통이 될 수 있다.

우리도 아이에게 운동이 필수라는 것을 가르치고 아이들이 정말로 즐겁게 할 수 있는 운동 방법을 찾도록 돕길 권장한다. "우리 가족 모두 하나씩 활동적인 일을 해보자. 여러 가지 시도해보고 각자에게 맞는 활동을 찾아보자"라고 말하는 것이 좋다. 어릴 때 축구, 수영, 테니스 레슨을 해보면 도움이 된다. 단 아이들이 흥미를 보일 때의 이야기이다.

운동에 소질이 없는 아이들은 조직적인 스포츠를 좋아하지 않는다. 팀에 소속되기 싫어하는 아이들도 있다. 이런 아이들에게는 팀 스포츠를 강요할 필요가 없다. 이때는 펜싱, 테니스 같은 스포츠를 시도해보자. 수영, 암벽 등반, 무술 등도 추천한다. 모두가 연습을 통해 더 나아질 수 있는 종목들이고 대부분 자신의 최고 기록 갱신이 목표가 된다.

자주 듣는 질문들

"딸에게 숙제의 통제권을 주고 필요하면 도와주겠다고 해보았어요. 그런데 학교 선생님이 제가 좀 더 신경써야 한다고 말해요."

이런 상황은 부모들에게 큰 스트레스이다. 아이의 숙제를 제대로 관리하지 못한 부모라는 생각이 들 때면 더욱 그렇다. 다만, 선생님이 왜 그런 연락을 하는지부터 생각해보자. 요즘에는 학생의 성적에 대한 책임이 아이들에게서 교사로 옮겨갔다. 아이들이 좋은 성적을 올리지 못하면 부모는 교사를 탓한다. 형편없는 성적표를 보고 그들을 비난하는 부모들에게 상처받곤 한다.

우리는 교사에게 공부의 책임을 전가할 생각도, 아이를 나약하게 만들 생각도 없고, 동시에 아이의 의지에 반해서 억지로 숙제를 시킬 생각도 없다는 점을 충분히 설명하길 추천한다. 이런 태도에 충격받는 교사도 있을 것이고, 기뻐하는 교사도 있을 것이다. 숙제는 아이와 학교 간의 문제다. 기꺼이 도울 수 있지만, 그와 동시에 숙제의 책임은 아이에게 있음을 가르치면 된다.

"예전에는 아이들이 스스로 숙제를 하도록 맡겼었어요. 하지만 고등학교에서부턴 과제의 중요성이 훨씬 커졌어요."

맞는 말이다. 중요성이 훨씬 커진다. 고3부터는 특히 더 그렇다. 하지만 단지 대학 입시만을 생각해서는 안 된다. 정말 중요한 것은 스스로 판단하고 움직이는 아이로 키우는 것이다. 고3 때 아이의 통제권을 다시 가져온다는 속뜻은 사실 이렇다. "정말 중요한 상황에서는 네게 통제권을 맡길 수 없어."

"저는 공부를 도와주는 시간을 7시에서 8시까지로 정해두었습니다. 하지만 딸은 거의 집중하지 않고 그 시간을 허비하죠. 그리고 8시가 되어서 제가 다른 일을 하려고 하면 화를 냅니다. 제가 더 긴 시간 아이를 도와야 할까요?"

시간 연장은 아이가 충분히 노력했을 때 그 보상의 형태로 주어져야 한다. 아이가 내내 열심히 공부했지만 숙제가 유난히 많아서 마치지 못했다면 끝날 때까지 도와주는 것이 좋다. 하지만 그렇지 않은 경우라면 더 집중하길 바란다고 이야기하는 것이 좋다. 아이가 정해진 시간을 허비하다가 9시에야 도움을 청한다면 "숙제 시간은 끝났어. 이제 잘 시간이야. 휴식을 취해야 내일 맑은 정신으로 생활할 수 있지. 나도 마찬가지란다"라고 말한다. 도움 시간은 정해져 있어야 하고, 그 시간을 어떻게 이용할지는 아이에게 달려있다. 단, 이런 일이 아주 가끔 있다면 도와주어도 괜찮다.

"아들의 축구부 코치는 독재형 모델에 가깝습니다만 무척 효과가 좋습니다. 대단히 좋은 결과를 이끌어내죠. 왜 저는 그러면 안 되나요?"

부모의 역할은 코치와 다르다는 것을 잊으면 안 된다. 아이는 축구 코칭을 받을지 말지 선택할 수 있다. 즉, 이 스트레스는 아이가 통제할 수 있다. 코치는 여러 아이를 살피고, 단기간 상호 합의한 목표를 달성하기 위해 노력한다. 부모와는 전혀 다른 역할인 것이다. 부모의 몫은 코칭 이전에 안전한 베이스를 제공하는 것임을 잊지 말아야 한다.

"아들이 성공하지 못하면 자신에게 실망하고 의기소침해질까 봐 염려돼요."

대부분의 생각과 달리 아이들은 실패보다 삶의 통제감을 느끼지 못할 때 더 쉽고 더 크게 낙담한다. 만일 실패하더라도 확고한 지지를 표현하고 실패를 새로운 학습의 기회로 보도록 도와주면 된다.

"학교생활과 성적은 성공적인 미래를 위해 무엇보다 중요하다고 생각해요."

우리는 그렇게 생각지 않는다. 우리는 좋은 성적보다 명확한 의식을 키우는 것이 중요하다고 본다. 누가 무엇에 대한 책임이 있는지에 대한 의식 말이다. 그것이 자기주도적인 아이를 키우는 비결이다.

"우리 딸은 초등학교 2학년이에요. 학교에서는 학부모가 학교 시스템에 접속해서 아이의 숙제를 도우라 해요."

아이가 부모의 도움에 가치를 두거나, 사례처럼 혼자 시스템에 접속해서 숙제를 하기에 너무 어리다면 접속을 돕는 것은 해가 되지 않는다. 하지만 접속하는 것을 도와주고 "화요일까지 해야 하는 수학 숙제가 있네. 엄마가 도와줬으면 좋겠어?"라고 말할 수는 있겠지만, 자리에 앉혀서 숙제를 시키거나 감시하지는 말라. 아이에게 정보를 제공하고 도움을 줄 수 있다고도 말했다. 필요한 일은 그뿐이다. 아이가 더 자라나고 능력이 생기면 그 역할도 억지로 하지 않는다. 아이가 옷을 입고 신발을 신는 데 도움이 필요치 않은 시점이 오듯, 숙제 관리도 도움이 필요치 않은 때가 분명 온다.

"아이가 저와 같은 실수를 안 하면 좋겠어요."

빌은 이런 이야기를 들을 때마다 이렇게 반문한다. "아이가 당신처럼 되면 안 됩니까?" 하고 묻는다. 여기에 "안 된다"라고 답을 한다면 빌은 아이보다 먼저 부모가 자신을 좀 더 수용하도록 돕는다.

"아이가 잠재력을 다 발휘하지 못할까 봐 걱정돼요."

오히려 그 반대이다. 계속 감시받는 사람은 결코 잠재력을 발휘하지 못한다. 아이들은 잠재력을 발휘하기는커녕 부모를 떼어내는 데 에너지를 쓸 것이다. 그럼 아이가 자신의 전력을 기울이게 될 때는 언제일까? 바로 자신에게 중요하고 의미 있는 일을 할 때이다.

큰 그림을 기억해야 한다

조언자 모델에 익숙해지는 데는 시간이 필요하다. 다음 장에서는 한발 물러서서 아이들에게 결정을 맡기면 어떻게 되는지 자세히 살펴볼 것이다. 그 단계에 앞서 알려주고 싶은 몇 가지 큰 그림이 있다.

부모가 통제력을 잃었다는 것은 좋은 소식이다. 첫눈에는 모든 게 엉망 같겠지만 말이다. 네드의 아들 매튜는 5학년일 때 숙제를 놓칠 때마다 엄마를 탓했다. "숙제하라고 말 안 해줬잖아요." 늘 엄마가 숙제를 확인해주었기 때문이다. 그 시점 이후로 네드의 가족은 숙제 확인이 엄마의 책임이 아니며, 엄마 역시 앞으로 숙제가 엄마의 책임인 양 행동하지 않겠다고 말했다. 네드와 그의 아내는 매튜가 원한다면 그에게 숙제를 일깨워줄 것이고 정말 필요할 때는 도움을 주겠지만, 근본적으로 숙제의 책임은 매튜에게 있다고 분명히 말했다.

매튜는 처음엔 횡설수설했다. 한 번은 그가 가장 좋아하는 과학 시험에서 형편없는 성적을 받았다. 시험 범위를 착각했기 때문이다. 하지만 어떤 핀잔도 비아냥도 없었고, 다음 시험에 더 신경 써야겠다는 말도 없었다. 대신 매튜의 관점에서 어떤 것이 잘못되었는지, 그 문제를 어떻게 고칠 생각인지에 대해 서로 부담 없이 이야기했다.

매튜는 시험을 망치긴 했지만 시험 범위의 내용에 관심이 컸다. 시험이 끝난 후 온 가족이 등산을 갔는데 산에 오르면서 네드는 매튜에게 그가 배운 것들에 대해 질문했다. 매튜는 시험 내용에 대해 열성적으로 이야기를 이어갔다. 그는 시험 이후 혼자서 상당한 시간을 들여 그 주제에 대해 조사했다고 이야기했다. 좋은 성적은 얻지는 못했지만 진정한 호기심과 배움을 얻은 것이다.

물론 시험과 숙제를 망치면 부모와 아이 모두가 속상하다. 하지만 우리는 큰 그림을 기억해야 한다. 아이들이 사려 깊은 학습자가 되기를,

훈련을 잘 받은 사람이 아니라 자제력 있는 사람이 되기를 원한다는 점을 말이다. 아이의 책임인 일을 부모가 하게 되면 안전한 베이스로서의 집이 사라진다. 한 어머니는 최근에 10대 아들과 숙제를 두고 싸운 일을 친구에게 하소연했다. 20대 아들을 둔 그 친구는 이렇게 말했다.

"그런 싸움은 아무 의미도 없어. 내가 가장 후회하는 것은 아들이 집에 있던 마지막 시간 대부분을 숙제 실랑이나 하며 보냈다는 거야. 나는 아이와 보낼 수 있는 골든 타임을 놓친 셈이지."

오늘 밤 할 일

- "이 일의 책임은 누구에게 있니?", "그것은 누구의 문제니?"라고 묻는 연습하기.
- 아이에게 집이 안전한 베이스인지 판단해보기. 휴대폰 사용 시간을 두고 싸우고 있는가? 감정의 온도는 몇 도나 되는가? 아이가 편안함을 느끼는지 직접 물어보라.
- 아이가 효과적인 학습 환경을 조성하는 데 도움주기. 필요하다면 목표 달성에 대한 나름의 보상 시스템을 개발하게 돕는다. 단, 절대 화내거나 처벌로 위협하면 안된다. 부모가 할 일은 아이들이 스스로 동기를 부여할 방법을 개발하는 데 도움을 주는 것이다.

아이는 이런 경험을 통해 자기주도성을 느낀다

매트는 고등학교에 들어가면서부터 독립을 꿈꿨다. 규칙을 일부러 어겼다. 귀가 시간보다 일부러 30분 늦게 들어가는 식이었다. 하지만 매트는 말썽꾼이 아니었다. 그저 남이 정한 규칙을 따르기가 싫을 뿐이었다. 통제감이 없단 건 그에게 큰 스트레스였다.

그의 부모는 아들과의 관계를 소중하게 생각했지만, 아들의 선택을 존중하는 편은 아니었다. 매트는 자신의 미래에 영향을 줄 수 있는 일에 대한 선택권도 없었다. 이후 부모는 입장을 바꾸었다. 매트는 자신에게 일어났던 일을 이렇게 설명했다.

"제가 만 18세가 되었을 때, 어머니는 제 법적 보호자를 저 자신으로 정하는 서류에 서명하셨습니다. 제가 원한다면 언제든 학교를 떠날 수 있고, 부모님은 성적을 비롯한 제 개인 정보에 접근할 수 없다는 의미였죠. 저는 어머니가 왜 여기에 동의했는지 몰랐죠. 아마도 저에게 믿음과 존중을 표현하고, 이제 곧 성인이 되는 시점에서 제 삶을 스스로 선택하길 바라신 것이겠습니다만… 어쨌든 그것은 제게 큰 사건이었습니다. 그리고 여러분 모두 짐작하시는 대로, 저는 그 권리를 제대로 남용했죠. 정말 신났어요. 일생 처음으로 저는 제 삶을 통제하는 기분이 들었습니다."

매트는 고등학교를 졸업하고 몇 군데의 대학을 거쳐 학위를 받았다. 20대 중반이 되자 그는 자신의 불안을 극복할 수 있었다. 몇 년이 흐른 지금 매트는 워싱턴 D.C.에서 성공적으로 싱크 탱크를 운영하고 있고, 어린 시절의 교훈을 자기 자녀 양육에 적용 중이다.

매트는 성공적인 삶이 부모의 지지 덕분이었다고 말한다. "학위를 얻기까지 여러 학교를 다녔습니다. 부모님이 저 스스로 깨우치도록 돕지 않았다면 졸업하지 못했을 겁니다."

눈치챘겠지만, 2장이 부모를 안전지대의 가장자리 쪽으로 밀어냈다면, 이 장은 그 경계까지 몰아붙일 것이다. 조언자로서 부모의 역할에 대해서는 이미 이야기했다. 이제는 자녀의 관점을 철저히 조사하고 자녀가 의사 결정권자일 때는 어떤 모습일지 생각해볼 시간이다.

아직도 당황한 상태인가? 그럴 필요 없다. 자녀에 대한 다음의 3가지 수칙을 받아들이고 기본부터 시작해보자.

• 너는 너에 대한 전문가이다.
• 너의 머릿속에는 두뇌가 있다.
• 너는 너의 삶이 성공적이기를 바란다.

"네가 결정할 문제야. 네 삶에서 적절한 결정을 내리고, 혹시 실수해도 무언가를 배울 거라고 믿어."

이 3가지 수칙을 받아들이면 이렇게 말하기 훨씬 쉬워진다. 물론 말만 해서는 안 된다. 때로는 아이의 결정이 불편하겠지만 선을 넘지 않는 이상 그 결정을 밀고 나가도록 놔두어야 한다.

최근에 빌은 그렉을 만났다. 그렉의 12세 딸은 새로운 사립학교가 마음에 들지 않았고, 그녀는 공립학교로 돌아가길 원했다. 빌은 딸이 자신에게 적합한 곳을 스스로 결정하는 게 좋겠다고 말하자, 그런 결정을 어린아이 혼자 하기에는 "너무 중요하다"라고 말했다. "저는 그런 종류의 결정을 12살짜리가 하게 두지는 않아요." 그는 아이에게 옳은 일이 무엇인지 자기가 안다고 생각했지만, 딸의 판단은 다를 것도 알았기에 결정을 맡기려 하지 않았다. 어린아이들은 친구나 익숙함 같은 감정적인 문제를 우선할 것이라는, 전형적인 어른의 판단이었다.

맞는 말이다. 우리가 진정으로 원하는 것은 아이들이 '정보에 기반해' 적절한 결정을 내리는 것이다. 부모는 아이들에게 없는 정보와 식견을 전달하고, 아이들이 이를 바탕으로 결정한다. 그리고 적절한 정보를 얻으면 아이들은 대부분 좋은 결정을 내린다. 그 결정은 거의 언제나 어른의 결정만큼 훌륭하다.

이 장에서 우리는 먼저 의사 결정권자로서의 아이들이 보이면 안 되는 모습을 명확히 한 뒤, 예외적으로 준비되지 않은 아이들에 대해 설명할 것이다. 이후 아이들이 결정권자가 되어야 하는 이유, 완전히 미친 짓이 아닌 이상 이들의 결정을 기꺼이 따라야 하는 이유를 반박의 여지가 없게 피력할 것이다. 아이들이 성장함에 따라 의사 결정권자인 아이들의 모습이 어떻게 변하는지도 설명하며 아이가 2세이든 12세이든 이 전략을 시행할 수 있도록 돕는다. 마지막으로 이전 장과 같이 통제를 포기하는 것이 왜 그토록 어려운지를 살피고, 이 문제에 대한 공통적인 질문과 우려를 다룰 것이다. 아마 대부분에게 익숙한 사건들일 것이다.

"네가 결정할 문제야"가 의미하지 '않는' 것

"네가 결정할 문제야"라는 말은 "매일 저녁 초콜릿 케이크를 먹어요!" 라는 말을 따라야 한다는 의미가 아니다. 부모에게도 권리와 감정이 있고 그것을 숨겨서는 안 된다. 부모는 옳다고 느껴지는 일을 하는 동시에 아이가 그것을 이해할 수 있도록 도와야 한다. 언제나 합리적으로 설명하라. "나는 그게 옳아 보이지 않아. 엄마로서 네가 그런 결정을 하게 둘 수 없어", "오늘은 누나가 영화를 고를 차례야. 너는 다음 주에 리모컨을 쥐도록 해."

"네가 결정할 문제야"는 한계 설정과 얼마든지 함께 갈 수 있다. 한계 설정은 필수다. 아이가 집에 가야 할 때도 계속 놀고 싶어 한다면 차분한 태도로 공감한 후에 선택안을 제시하라. "이제 게임을 마무리할까? 지금 돌아가야 하긴 하지만, 5분만 더 놀래?"라고 말한다. 그 후에도 아이가 말을 따르지 않으면 "손잡고 갈래 아니면 엄마가 안아서 갈까?"라고 말해도 좋다. 아이가 손을 안 잡는다면 안아서 차로 데려간다. 아이가 소리치고 발길질을 해도 말이다. 그리고 다음에 놀이터에 갈 때 이렇게 말하는 것이다. "엄마는 너와 싸우고 싶지 않아. 놀이터에서 떠나야 할 때 고집부리지 않겠다고 약속하면 놀이터에 갈 거야. 고집부릴 거면 며칠 더 있다가 놀이터에 가도록 하자."

10대라면 안아서 옮길 수는 없는 일이다. 하지만 그들에게도 한계를 설정할 수 있다. 권리를 제한하면 된다. 휴대폰에 빠진 10대에게는 전화 요금을 내줄 수 없다는 등의 방식이다. 이처럼 명확한 기본 원칙이 필요하다. 단 우리의 목표가 고분고분한 아이를 만드는 것이 아니라, 올바로 행동하고 타인과 상호작용을 하는 법을 아는 아이로 만드는 것임은 잊지 말아야 한다.

"네가 결정할 문제야"는 아이에게 무제한의 선택을 허용하라는 뜻이 아니다. 무제한적 선택은 강한 스트레스를 유발한다. 1장에서 이야기했듯이, 아이들은 스스로 준비가 되지 않은 결정을 해줄 어른이 있다는 자체에 커다란 안정감을 느낀다. 방임적 양육이 큰 효과가 없는 이유도 이 때문이다. 준비되지 않은 것을 해야 할 때 아이들이 스트레스를 크게 받기 때문이다. 아이들은 안전하다고 느낄 때 편안함을 느낀다. 그리고 우리가 예측 가능하고 조직적인 환경을 조성할 때 아이들은 안전하다는 느낌을 받는다.

마지막으로 "네가 결정할 문제야"를 역할극처럼 해서는 절대 안 된다. 실제로는 부모가 결정권을 쥐고 있으면서 아이들에게 말로만 결정권을 넘기는 것처럼 하면 안 된다는 말이다. 양육에는 언제나 진솔해야 한다. 그래야만 관계에 신뢰가 쌓인다. 아이들을 진심으로 존중해야 한다. 자율성을 개발하려면 그들이 조금씩 더 많은 통제력을 발휘하게 해야만 한다.

마지막으로 "네가 결정할 문제야"의 의미를 되짚어보자. 이 말은 결국 아이들이 스스로 결정할 수 있는 것들을 부모가 대신 결정해서는 안 된다는 뜻이다. 첫째, 안심하고 아이들이 조정할 수 있게 놓아둘 수 있는 경계를 설정한 다음, 그 경계를 조금씩 넓힌다. 아이가 결정에 필요한 정보가 무엇인지 배우도록 돕는다. 갈등이 있을 때는 로스 그린과 J. 스튜어트 앨본이 개발한 '협력적 문제 해결법(collaborative problem solving)'을 사용한다. 이 기법은 먼저 공감을 표현한 뒤 아이가 원치 않는 일을 하도록 강요하지 않을 것이라고 안심시킨다. 부모와 아이 모두에게 편안한 해법을 함께 찾는다. 아이의 선택이 완전히 '미친 짓'이 아닌 한, 설사 그것이 부모가 원하는 것이 아니라고 해도 아이의 결정에 따라야 한다.

물론 '미친 짓'은 사람마다 다르게 정의할 것이다. 여기에서 유용한 잣대는 주변의 사람들, 이를테면 삼촌이나 이모, 교사 등에게 묻는 것이다. 우리는 그렉의 12세 딸이 인근의 공립학교로 돌아가는 것이 미친 짓이라고 생각지 않는다. 물론 그 학교는 부모가 전학시킨 사립학교보다 재원이 부족하거나 교사들의 역량이 모자랄 수도 있다. 하지만 편안함을 느끼고 힘이 되는 친구들과 함께할 때 더 좋은 성과와 행복을 일굴 수도 있다. 이때 미친 짓이라 하면 아이가 당장 학교를 그만두고 유튜버가 되겠다고 하는 경우일 것이다.

아이들을 신뢰하기 힘든 여러 가지 상황들이 있다. 그렉의 딸이 어떤 말도 듣지 않고 조언도 무시한다면 그녀가 올바른 판단을 내릴 수 없다는 의미일 것이다. 아이가 다양한 의견에 귀 기울이고 그것들에 대해 깊이 생각해볼 수 있어야 한다.

아이가 심각한 우울증을 앓고 있다면 모든 이야기는 무효가 된다. 이런 경우 아이의 사고는 제 기능을 하지 못한다. 아이가 자신의 인생이 잘 풀리기를 바란다는 기본적인 전제가 흔들리는 것이다. 우울증을 앓으면 명확한 사고를 할 수 없다. 우울증 자체가 사고 장애 상태이기 때문이다. 마찬가지로 알코올이나 자해하는 경우도 스스로 논리적인 결론에 도달할 수 없다. 일시적으로 정보에 입각한 합리적 결정을 스스로 내릴 수 없는 아이를 대신해서 결정을 내려야 할 때가 있기도 하다.

아이를 신뢰해야 하는 6가지 이유

과학적 결론

스스로 결정할 수 있는 여지가 생기면 다른 상황에서도 책임감을 느끼게 된다. 두뇌는 힘겨운 선택을 하는 법을 배우고 무력감으로부터 스스로를 보호한다. 자율성에는 내적 동기부여라는 혜택도 따라온다. 아이가 스트레스를 관리하고 많은 문제를 극복할수록 전두엽피질이 편도체를 조절하는 능력도 발달한다.

아이의 두뇌가 완전히 성숙할 때까지, 즉 아이가 30대 내외가 될 때까지 기다릴 수는 없다. 두뇌는 사용하는 만큼 발달한다. 이는 아이들, 특히 사춘기 아이라면 더더욱 스스로 결정하도록 격려해 아이들이 자신의 욕구를 솔직하게 평가하고, 자신의 감정과 동기에 주의를 기울이고, 득실을 비교하고, 최선의 결정을 내리기 위해 노력해봐야 한다는 의미이다. 어른은 그들이 어려운 선택을 하고, 그 선택을 책임지는 두뇌를 발달시키는 데 도움 주면 된다.

아이가 부모의 꼭두각시라는 느낌을 받아서는 안 된다

아이의 삶에 대해서 오히려 부모가 장기적인 관점으로 보지 못하는 경우가 많다. 아이들은 어떤 일에 대해 압박을 받으면 자신에게 이익이 되는 일조차 외면한다. 반항하지 않고 순종하는 유형도 문제다. 이후 인생이 잘 풀려도 그들은 그 성공이 자기 것이 아니라고 생각한다. 치료사이자 작가인 로리 고틀립은 〈애틀랜틱〉지에 많은 20대 환자가 훌륭한 부모 밑에서 자라 표면적으로는 성공적인 삶을 영위하면서도 왜 뚜렷한 이유 없이 우울증을 경험하는지 의문을 제기했다. “대학원 시절에 진행했던 임상 연구의 초점은 늘 부모의 무관심이 아이에게 어떤 영향을 주는가에만 쏠려 있었다. 그러나 부모가 과몰입하면 아이에게 어떤 일이 일어날지에 관심 가진 이는 없었다."

과몰입하는 부모는 아이가 넘어졌을 때 아이 자신은 무슨 일이 일어났는지 인지하기도 전에 아이를 안아 든다. 이런 부모는 아이가 고통을 겪지 않을 수 있다면 무슨 일이든 한다. 고통을 지켜보는 것은 마음 아프지만 고통은 회복력 발달에 필수적인 요소이다.

사라는 한 학기 동안 외국으로 가기에 앞서 부모와 함께 네드를 찾아왔다. 그 자리에서 사라의 부모는 다가오는 학기에 대한 그들의 목표와 우려를 설명했다. "아이가 못 들을 수학 수업과 SAT 대비는 어떻게 해야 할까요?" 대부분 그녀의 부모가 이야기했다.

사라와 단둘이 만난 자리에서 네드는 그 계획에 대한 그녀의 진짜 느낌이 어떤지 묻자 그녀가 말했다. "계획은 괜찮아요. 문제는 '우리'라는 거죠." "그게 무슨 뜻이니?" "부모님은 늘 '우리는 여기에서 좋은 성적을 받아야 해', '우리는 더 좋은 에세이를 써야 해'라고 말씀하세요." 사라가 분노를 억누르며 말했다. "에세이를 쓰는 건 부모님이 아니라 저예요. 여기에 '우리'는 없어요. 그런 식으로 얘기할 때마다 미칠 것 같아요. 이건 제 인생이고, 제 일이에요. 그 망할 에세이는 그냥 '제' 에세이라고요."

"네가 적절한 결정을 내리고 실수를 하더라도 거기서 무언가를 배울 거라고 믿어." 사라의 부모는 이와 정반대의 메시지를 일관되게 주입했다. 사라는 명석한 아이였다. 그녀는 부모의 행동에서 자신이 스스로 결정하는 상황은 생각조차 못 한다는 속뜻을 읽었다.

자녀의 기본 역량은 삶의 통제감을 키울 때만 자란다

'지혜는 경험에서 나오고 경험은 잘못된 결정에서 나온다'라는 속담처럼 아이들은 법적 결정권을 가지는 나이가 될 때까지 스스로 결정하는 법을 연습해야 한다. 말로는 부족하다. 그들에게는 연습이 필요하다. 코트를 안 입어서 추위를 겪는다든지, 공부하지 않아서 나쁜 성적을 받는다든지 하는 선택의 결과를 겪어봐야 한다. 많은 청소년이 자신의 에너지를 어디에 쏟을지, 어느 대학에 갈지 등 중요한 문제를 스스로 결정하지 않은 채로 대학에 간다. 이런 아이들은 수업이나 전공 선택은 물론, 일의 목표를 세우거나 달성할 때도 좋은 결정을 내리기 어렵다.

다른 다양한 삶의 기술도 마찬가지다. 아이 두 명을 데려온 한 엄마는 네드에게 수표를 받는지 물었다. 신용카드가 없어서 그런 게 아니었다. 그 엄마는 아이들이 직접 수표를 써보면서 사용법을 배우기를 바랐다. 정말 훌륭한 양육 방식이었다. 삶에는 연습이 필요하다.

언제나 무엇이 최선인지 알 수는 없다

받아들이기 힘들지 모르지만, 부모가 아이의 최선을 알기란 정말 어렵다. 아이가 어떤 사람이 되고 싶은지 모르기 때문이다. 완벽한 실패가 뜻밖의 축복으로 변하는 경우도 많다. 성공에는 여러 가지 길이 있고, 때로는 길을 잃은 뒤에야 옳은 길을 찾기도 한다.

예를 들어 부모들은 아이의 재능이나 관심사도 모르면서 아이가 연극 동아리보다 축구 동아리에 가입하는 게 좋다고 생각한다. 제 발등을 찍는 일인 줄도 모르고 곧잘 아이 대신 이런 결정을 내린다. 겸손해져야 한다는 것을 잊지 말라. 배 아파 낳은 자식의 일이라도 무엇이 옳은지 모를 때가 더 많은 법이다.

대학에 입학하고 처음 몇 달간 네드는 휴학을 생각했다. 하지만 부모님이 허락하지 않았다. 겨우 1년을 보낸 네드는 또다시 휴학하겠다고 했다. 이번에는 부모님도 허락을 해주셨다. 그 한 해간 그는 압박감에서 벗어나 자신이 진정으로 원하는 것에 대해 생각해볼 수 있었다. 모든 답을 찾을 수는 없었지만 훨씬 나아진 상태로 대학에 돌아갈 수 있었다.

휴학하는 동안 그는 아카펠라 동아리에 가입했고 지금까지도 그때의 동료 몇몇과 노래를 하고 있다. 가장 큰 사건은 3학년 때부터 지금의 아내인 바네사와 사귀기 시작했고, 아이들을 가르치는 일에 흥미를 갖게 만든 사람도 그녀였다는 점이다. 한 해 동안 휴학을 하지 않았다면 그는 이 책도 쓰지 않았을 것이고, 지금의 근사한 자식들도 없었을 것이다.

뜻밖의 행운은 훌륭한 삶의 원천이다. 아무리 좋은 계획을 세워도 항상 좋은 결과가 나오진 않는다. 가끔은 행운을 믿어보자.

아이들은 충분히 유능하다

30년 전, 한 연구에서 9세에서 21세에 이르는 청소년들의 의사 결정 능력을 조사했다. 참가자들에게 정말 민감한 상황에서 어떻게 대처할지를 질문했다. 가족과 말을 하지 않거나 몇 주간 방에서 나오지 않는 소년이 있다면 어떻게 해야 할까? 14세의 결정은 18, 21세의 결정과 다르지 않았다. 그리고 그 결정은 대부분 전문가가 추천하는 방법과도 비슷했다. 흥미롭게도 9세의 절반도 그 방법을 선택했다. 전체적으로 의사 결정에서 14세, 18세, 21세 학생들은 거의 동일한 점수를 받았고 9세 학생들의 점수는 그보다 약간 낮았을 뿐이다. 우리는 이 결과가 9세 어린이들이 뛰어난 의사 결정 능력을 가지고 있다는 것을 보여줄 뿐 아니라, 점수가 약간 뒤처진 것이 지식의 부족 때문이지 판단력의 부족 때문만은 아니라는 것도 보여준다고 생각한다.

〈사이콜로지 투데이〉의 편집장이었던 로버트 엡스타인은 청소년의 능력과 잠재력에 대한 많은 글을 썼다. 그는 동료 다이앤 뒤마와 함께 '성숙도 테스트'를 개발했다. 이 테스트는 사랑, 리더십, 대인 기술, 책임 이행 등에 대해 질문하는데, 10대도 성인만큼이나 좋은 성적을 낸다는 것을 발견했다. 엡스타인은 미국에서는 청소년이 책임감 있는 결정 능력이 없는 것처럼 대하며 그들을 어린애 취급하는 경향이 있다고 한다. 10대의 충동적인 선택을 완전히 막을 수는 없겠지만, 중요한 문제는 그들 역시 정보를 바탕으로 건전한 결정을 할 수 있다고 믿어야 한다. 14~15세에 이르면 판단력이 성인과 크게 다르지 않다. 사실 대부분의 인지력은 청소년기에 이미 성인 수준에 도달한다.

좋은 의사 결정에는 감성지능이 필요하다. 아이들은 자신의 감정에 주의를 기울여야 한다

좋은 결정에는 지식이 필요하지만, 그것이 전부는 아니다. 영화 '인사이드 아웃'에서 기쁨, 버럭, 슬픔, 까칠, 소심이는 소녀의 두뇌 속에서 제어판을 공유하고 있다. 영화는 감정이 생각과 의사 결정, 행동에 중대한 영향을 끼친다는 점을 보여준다. 감정의 인도 없이는 어떤 것이 좋은지 나쁜지, 이익인지 해로운지 판단할 수 없다. 감정 중추가 손상된 사람들은 외식을 할지 말지 같은 간단한 결정도 하지 못한다. 무엇을 원하는지 모르기 때문이다.

아이들은 자신의 감정에 주의를 기울여야 한다. 아이들이 충동적, 감정적으로 행동하기를 바란다는 말이 아니다. 정보에 입각한 의사 결정을 해야 한다는 말이다. 타인의 욕구와 바람을 고려하려면 시기, 죄책감, 연민, 감탄 같은 감정을 인지할 수 있어야 한다. 아이들은 분노, 시기, 분개, 혐오 같은 감정에 어떻게 대처해야 할지 알아야 한다.

아이들이 상황에 대해 어떻게 '느끼는지', 그들이 '원하는 것'이 무엇인지는 의사 결정 과정에서 대단히 중요하다. 아이들의 부정적 감정은 부모가 통제할 수 없다. 무서운 영화를 보고 아이들이 두려워할 때, 아이의 반응은 실제적이며 영화를 다시 보고 싶은가에 영향을 미친다. 부모는 단지 영화일 뿐이라는 것을 인식하게 도울 수 있을 뿐이다. 아이가 어떤 일에 배신감을 느낀다면 우리는 그 배신감을 없앨 수 없다. 아이가 진솔하게 자신이 어떤 사람이 되고 싶은지에 대해서 생각하도록 도울 수 있을 뿐이다. 우리는 아이들이 자신의 감정에 귀 기울이고 '나에게 옳은 일은 무엇일까?'라는 질문을 던질 수 있게 도와야 한다.

각 연령대에 필요한 원칙과 방법들

아이가 정보에 따라 합리적인 결정을 할 수 있을지는 부모의 역할에 달려 있다.

"나는 네가 좋은 결정을 하리라고 믿어. 이건 전적으로 네 문제지만, 나는 선택의 장단점을 잘 생각할 수 있게 돕고 싶어. 또 네가 좀 더 경험 많은 사람과 대화하고 그들의 피드백을 얻길 바라. 마지막으로 나는 네 결정이 원하는 방향으로 가지 않을 때 고려해볼 만한 대안에 대해 함께 이야기해보는 것도 중요하다고 생각해."

이 메시지에는 여러 의미가 담겨 있다. 먼저 아이를 신뢰하고 있음을 알리고 있다. 계속 아이를 지지할 것이라는 점도 명확히 밝히고 있다. 또 아이가 좋은 결정을 하는 데 필요한 정보가 무엇인지 생각하는 데도 도움을 줄 것이다. 마지막으로 일이 잘못될 수 있다는 점도 알려준다. 실수 뒤에는 낙담보다 대안이 필요하다고 하면서 말이다.

모든 연령대의 아이에게 이렇게 이야기할 수는 없다. 하지만 기본 원칙은 아주 어린 아이들에게도 적용할 수 있다.

유아 - 둘 중 하나를 스스로 고른다

2가지 옷 중에서 선택하게 한다. 도전해볼 때가 되었다면 스스로 옷을 입게 하면서 도움을 주되 강요하지는 않는다. 입는 데 한참이 걸리고, 제대로 할 수 없다는 좌절감을 느낄 수도 있다. 하지만 아이에게는 중요한 배움의 과정이다. 이럴 때의 제안은 이런 식이어야 한다. "블록놀이 할래, 그림 그릴래?"

미취학 아동 - 달력을 활용해 통제감을 개발한다

아이들에게 시간을 어떻게 사용할지, 즉 무엇을 중요하게 여길지 결정하는 과정은 무척이나 중요하다. 유치원에서 '자유 선택 시간'이 중요한 요소 이유이기도 하다. 미취학 아동에게는 스포츠처럼 체계 잡힌 활동이나 비디오게임보다는 역할놀이를 권장한다. 아이들은 조직화되지 않은 방식의 놀이를 하며 시간을 어떻게 사용할지 자율적으로 결정하는 법을 체득한다.

달력을 주고 그들에게 삶에서 중요한 사건을 적어보라고 조언해도 좋다. 아이들이 시간의 흐름을 이해하고 하루가 어떻게 펼쳐질지 파악하는 데 도움 된다. 달력을 이용해 하루를 통제할 수 있다고 느끼게 하는 것은 아무리 강조해도 지나치지 않다.

하루에 한 번 스케줄을 점검하고, 가능한 부분에서는 아이들이 스케줄을 선택하게 한다. 생각날 때마다 지나간 날은 줄을 그어 지우게 한다. 이 과정을 겪으며 아이들은 자신이 그저 부모의 계획을 따르는 사람이 아니라는 점과, 무슨 일이 언제, 왜 일어나는지를 이해하게 된다. 나이가 들면서 스스로 달력에 중요한 일을 적으며, 점차 삶의 통제감도 개발할 것이다.

초등학생 - 장단점을 비교해 스스로 선택한다

아이가 나이를 먹으면 어떤 활동을 할지, 어떤 음식을 먹을지, 잠을 얼마나 잘지 더 많은 선택을 제안할 수 있다. "네가 결정할 문제야"라는 말의 의미가 더 확실하게 전달되기 시작한다. "네가 오늘 개봉하는 영화를 보러 가고 싶은 거 알아. 나도 그렇거든. 결정은 네게 맡기겠지만, 우선 좋은 점과 나쁜 점을 충분히 생각해보자. 오늘은 개봉일이기 때문에 줄이 길 거야. 날씨가 추워서 기다리면서 감기에 들지도 몰라. 하지만 개봉일에 그 영화를 본다는 의미도 있지." 아이가 보러 가자고 결정했다면 "혹시 예상과 다르게 일이 진행되면 어떻게 할지도 생각해보자. 줄을 서다가 지치거나 티켓이 중간에 매진되면 어떻게 할까?" 물어보자.

영화를 보러 갈지 말지의 선택을 넘어서, 초등학생 나이의 아이들이라면 부담이 큰 선택을 할 때도 좋은 결정을 할 수 있다. 빌은 최근 학습장애가 있는 11세 소년의 부모를 만났다. 앤디의 부모는 여름 동안 과외를 하는 게 좋겠다고 생각했지만, 앤디는 아니었다. "네가 과외 선생님과 공부를 하면 어떤 점이 좋을지 이야기해줘도 될까?" 과외를 열심히 하면 더 쉽게 읽고 쓸 수 있다고 설명했다. 또 과외는 한 주 168시간 중에 겨우 2~3시간 정도밖에 안 걸렸다. 과외를 해도 학교생활에서 쌓인 스트레스를 해소하고 재미있게 놀기 충분했다. 동시에 과외의 기회비용으로 휴식 시간, 집에서의 정서적 휴식, 스트레스가 없을 때의 두뇌 발달 등은 놓칠 수 있다고 충분히 말했다.

마지막으로 부모는 이렇게 말했다. "장단점을 생각해보니 이것은 상당히 어려운 결정이야. 어느 쪽으로든 갈 수 있어. 어느 쪽이건 선택은 너만이 할 수 있어. 네가 어떤 결정을 하더라도 거기에서 배움을 얻을 것이라고 믿어." 앤디는 과외를 포기하기로 했다. 부모의 선택과 달랐지만 미친 짓은 아니었다. 그들은 그것이 아들이 결정할 문제라는 약속을 지켰다. 앤디의 부모가 만일 아들에게 선택의 기회를 주지 않고 과외를 강요했다면 어떤 일이 벌어졌을지 생각해보자.

훌륭한 과외 선생이 앤디를 부추겨서 좋은 결과를 낸다. 앤디는 부모가 과외를 강요했던 것을 감사하게 된다. 앤디는 공부에 습관을 들이고 열심히 공부해서 6~8주간의 과외 기간에 실력과 자신감이 향상된다…. 이게 로또 같은 확률이란 건 모두가 알 것이다. 사실은 앤디가 과외에서 성과를 올리지 못할 가능성이 압도적으로 크다. 아이들은 필요치 않다고 생각하는 수업에서 성과를 내지 못한다.

이에 반해 손실의 가능성은 명확하다. 부모와 자식 관계에서의 긴장은 아이들이 원치 않는 일을 하도록 강요하려는 데부터 비롯된다. 앤디에게 "내가 너보다 잘 알아. 네 의견은 중요치 않아"라는 의미를 전달한다면 부정적 결과를 낳고, 조언의 가치를 격하시킬 것이다. 또 앤디는 자신의 미래에 무엇이 최선인지 생각하며 기를 수 있는 자율성과 성숙함도 놓치게 될 것이다.

중학생 - 직접 정보를 탐색하고 합리적으로 판단한다

워싱턴 D.C.에 사는 부모들의 화두 중 하나는 '아이를 어떤 학교에 보내는가'이다. 빌이 가장 많이 들은 질문이기도 하다. "가장 좋은 학교는 어디인가요?" 그는 언제나 이렇게 대답했다. "'아이가 잘 맞는 학교를 스스로 찾게 어떻게 도울 수 있나요?'라는 질문은 어떨까요?"

빌은 학습장애가 있는 맥스를 치료했다. 맥스는 장애가 무척 심해서 중학생 때까지 특수학교에 다녀야 했다. 어린 시절부터 작은 규모의 학교에 다닌 아이들이 그렇듯이, 맥스는 작은 학교를 '벗어나' 큰 규모의 고등학교로 진학하기를 간절히 바랐다. 이제 특수학교가 아니어도 된다는 걸 증명하고도 싶었다. 당연히 맥스의 부모는 걱정이 많았다. "어떻게 하면 특수학교가 더 낫다고 설득할 수 있을까요?" 빌은 언제나처럼 조언했고, 부모는 맥스에게 이렇게 말했다. "최종적인 결정은 네가 내리는 거야. 우리는 네가 바라는 어떤 도움이든 줄 거야."

빌은 맥스를 만나서 몇몇 사립학교를 함께 검토했다. 빌은 공립학교에서 얻을 수 있는 지원 제도를 찾고, 그 내용을 맥스와 공유했다. 맥스는 이 과정을 대단히 진지하게 받아들였다. 그는 다른 사립학교 입학 관리자와 빌을 상대로 다른 학교를 선택할 때의 이점에 대해 깊이 있는 질문들을 던졌다.

이런 과정 끝에 맥스는 원래의 학교에 남겠다는 결정을 내렸다. 원래 학교에서 지원하는 학습이 꼭 필요했기 때문이다. 그 이후 그는 고등학교 과정을 성공적으로 마쳤다. 맥스는 부모와 같은 결론에 도달했지만, 그 과정에는 자신의 생각과 판단이 있었다. 만일 억지로 학교에 남았더라면 학습의 의욕도 사라지고 학교에 남게 한 부모에게 반감만 생겼을 것이다.

고등학생 - 실수를 딛고 더 나은 자기 인식을 개발한다

고등학생에게 "네가 결정할 문제야"를 실천하기란 대단히 어렵다. 10대들은 또래의 압력에도 취약하고 위험을 감수하기도 한다. 우리 때와 그리 다르지 않다. 그러나 좋은 소식도 있다. 최근의 사춘기 두뇌 발달 연구에 따르면, 그들은 행동에 수반되는 위험을 명확히 인식한다. 그들이 잠재적 위험보다 긍정적 결과에 집중하는 경향이 있다는 건 분명 사실이다. 전문가들은 이를 '과도한 합리성'이라고 부른다. 10대와 협력적 문제 해결법을 쓸 때는 이런 성향을 염두에 두고 그들이 부정적인 면을 진지하게 고려하도록 초점을 맞추어야 한다. 협력적 문제 해결법을 따르지 않는다면, 독재적인 접근법이 나을지 물어보라. "좋아, 그냥 다음 달은 용돈을 반만 줄 거야." 장담하건대 아이는 이렇게 답할 것이다. "좋아요, 진지하게 얘기 좀 해봐요."

10대들은 곧 법적 성년에 도달하게 된다. 그들에게는 이런 메시지가 필요하다. "네가 삶의 문제를 마주해 정보에 따라 판단하고, 실수로부터 배움을 얻을 수 있다고 믿는다." 그들이 항상 옳다는 말이 아니다. 그들은 실수한다. 하지만 그 실수를 딛고 더 나은 직감과 자기 인식을 개발하게 될 것이다. 부모가 도움을 준다는 것은 이런 맥락이어야 한다.

자주 듣는 질문들

우리는 통제력을 포기하는 데 어려움을 겪는 부모들과 많은 대화를 나누었다. 부모들도 종종 감정이 흘러넘쳐 생각이 막힌다. 두려움이 생기고, 조바심으로 이어진다. '아이가 잘못된 것을 선택하면 어쩌지?', '아이가 상처를 받으면 어쩌지?'

"지난주에 15살 딸이 파티에서 술을 마셨어요. 술에 너무 취해서 의식을 잃었고요. 바닥에 머리를 부딪쳐서 뇌진탕을 일으켰죠. 이래도 '네가 스스로 결정하기 바란다'라고 말해야 하나요?"

이 부모는 딸에게 올바로 결정할 능력이 없고, 철저한 감독이 필요하며, 더 나은 판단력을 보일 때까지 부모가 개입해야 한다고 보는 중이다. 이 판단은 대개 좋은 결과를 낳지 못한다. 현실적인 여건만 따져도 딸의 행적을 일일이 감시할 수는 없기 때문이다. 우선 한 달 정도 파티 금지를 추천한다.

다만 아이가 실수에서 충분히 배울 수 있음을 믿는다는 표현이 필요하다. 걱정하는 마음을 전하고 발달 중인 두뇌에 폭음의 영향에 대한 기사와 영상을 보여준다. 그리고는 모든 위험으로부터 아이를 보호할 수 없다는 점을 상기시킨다. 하지만 아이가 그날 밤의 일 때문에 부모의 신뢰를 잃었다는 느낌은 받지 않도록 주의해야 한다.

이제부터가 정말 어려운 부분이다. 만약 아이가 같은 실수를 반복한다면? 즉 계속해서 좋지 못한 결정을 하는 아이는 어떻게 해야 할까? 하지만 아이가 나쁜 결정을 반복하는 그때야말로 판단력을 다질 기회이기도 하다. 물론 그 과정에는 부모의 도움이 있어야 한다. 그래야 더 나은 결정을 할 수 있게 된다.

"잘못된 행동을 나무라지 않으면 잘못된 교훈을 배울 것 같아요."

잘못할 때마다 부정적인 피드백을 해야 제대로 배울 수 있는 것은 아니다. 빌은 딸이 6세 때 보육 프로그램에 참여했던 일을 잊지 못한다. 빌의 딸은 청소를 하지 않겠다고 버텼다. 빌은 맡은 일에 충실해야 하는 이유를 충분히 설명했다. 하지만 아이는 말을 듣지 않았고, 결국 빌은 딸에게 청소를 마칠 때까지는 집에 갈 수 없다고 했다. 7~8분의 대치가 이어지던 중에 보육 프로그램에서 자원봉사를 하던 한 사람이 이렇게 말했다. "빌, 누가 이기고 있어요?" 훈육에 매번 100% 효과를 내는 방법은 존재하지 않는다.

"정말 나쁜 결정을 하면 인생을 망칠 수도 있잖아요."

30세 남자가 빌의 사무실을 찾아와 고등학교 때 한 나쁜 결정이 인생을 망쳤다고 말한다면, 빌은 이렇게 이야기할 것이다. "자네에게는 살아온 시간보다 살아갈 시간이 훨씬 길어."

몰리는 부모의 과잉보호를 받던 고등학생이었다. 대학에 입학한 그녀는 큰 해방감을 느꼈다. 그녀는 첫 학기에 자유를 만끽하느라 형편없는 성적을 받았다. 하지만 일탈은 이걸로 충분했다. 몰리는 첫 학기의 낮은 성적을 만회하기 위해 나머지 3년 반 동안 기를 쓰고 공부했다. 의과대학 입학 면접에서 그녀는 첫 학기 성적에 대한 질문을 여러 번 받았다. 그녀는 뒤늦은 사춘기였다고 말하고 최선을 다해 벼랑에서 탈출한 데 큰 자부심을 느낀다는 점을 강조했다. 또 그것이 인생에서 가장 중요한 경험이었다고 이야기했다. 몰리는 의과대학에 입학했다.

인생은 결승선까지 하나의 길만 있는 경주가 아니다. 아이들은 신체적, 정신적으로 저마다의 속도로 발달한다. 재기 불능의 실패라고 생각하는 사건도 시간이 지나고 보면 잔물결에 불과한 경우가 대부분이다. 부모는 "여기에서 발목이 잡히면 계속 뒤처질 거야"라고 걱정하지만 실은 그렇지 않다. 두뇌 개발은 대부분 나이를 먹으며 이루어진다. 종종 발목을 잡힌다고 해도 부모가 그들이 함정에서 빠져나오도록 잘 도와만 준다면 오히려 성장의 밑거름이 된다.

"강요하지 않으면 어떤 일도 하지 않는 아이는 어떻게 해야 하죠? 집에서 한 발짝도 나가지 않고 비디오게임만 한다면요?"

자기계발서의 아버지 스티븐 코비가 한 유명한 말이 있다. "먼저 이해하려고 노력하라. 이해를 구하는 것은 그다음이다." 반항의 뒤에 무엇이 있는지 이해하려면 아이에게 질문해야 한다. 타고 난 성향이 집에서 시간 보내기를 선호하는 것인가? 아니면 '새로운' 혹은 '예측할 수 없는' 경험을 불안해하는 것인가? 아이의 진짜 문제에 귀를 기울여라. 아이가 제멋대로 하도록 두라는 뜻이 아니다. 부모에게는 가족 등산이 중요할지 몰라도, 아이에게는 아닐 수 있다. 아이의 생각과 의도가 무엇인지 이해한 뒤에야 문제를 해결하거나 타협할 수 있다.

물론 다음과 같은 이야기는 충분히 할 수 있다. "네가 여름 내내 아무것도 하지 않고 빈둥거리면 엄마는 형편없는 부모라고 느낄 것 같아. 좋은 부모라면 그렇게 하지 않지. 그래서 네가 결정했으면 해. 나는 네가 최소한 학원 한 곳은 가면 좋겠어."

"우리 가족에게는 종교적 신념이 대단히 중요합니다. 어떻게 하면 아이가 우리의 신념과 종교적 관행을 따르면서도 강한 통제력을 키울 수 있을까요?"

아이들은 부모에게 동조한다. 어쩌면 가족 행사를 좋아하지 않을 수는 있지만 반대하지는 않고, 대부분 부모의 종교적 신념을 받아들인다. 따라서 긍정적인 종교적 가치의 본보기를 보이고 '우리 가족은 이런 믿음을 가지고 이런 관행을 따른다'라는 태도를 보이면 충분하다. 또 자녀들이 종교적 가르침이나 신앙에 의문을 품는다면 가능한 솔직하게 답해야 한다. 만일 자녀가 부모의 종교를 싫어한다면 그들을 존중하고 협력적 문제 해결법을 이용해 서로 동의할 수 있는 길을 찾길 권한다.

"운동에 재능이 있는데 운동하기를 싫어해요. 그 때문에 대학 선택의 폭이 좁아질 것 같은데 괜찮을까요?"

그 운동을 하는 것이 왜 중요한지를 아이가 이해해야 한다. 만일 대학에 보낼 만한 경제적 여유가 없기 때문이라면 협력적 문제 해결법을 써야 한다. 운동할 때의 이득, 즉 대학 선택의 폭이 넓어진다는 장점을 설명한다. 이는 학비를 벌기 위해 억지로 아르바이트할 필요가 없다는 의미가 될 수도 있다. 단점은 아이가 즐기지 않는 일에 상당한 시간을 투자해야 한다는 점이다. 득과 실을 아이와 함께 잘 비교한 후 아이에게 최종 결정을 맡긴다.

경제적인 문제가 아니라면 그게 왜 중요한지 자문해보라. 아이가 스스로 원하지 않는다면 그것은 아이를 위한 일이 아니다. 부모는 종종 정원사가 되어서 아이를 멋대로 분재하려고 한다. 하지만 사실 이 나무는 이제 막 성장을 시작한 참이다. 그 나무가 어떤 나무인지 당장 알 수 없다. 그 나무는 스포츠 나무가 아닐 수도 있다.

"스스로 결정하기 싫어하고 불안감이 크고 완벽주의적인 아이라면 어떻게 하죠?"

이런 경우 많은 아이들이 잘못된 결정에 대한 두려움이 있다. 좋은 결정은 장기적인 목표이다. 준비도 안 된 아이에게 결정을 강요할 필요는 없다. "나이가 들면서 스스로 결정할 수 있게 될 거야. 지금은 그 일이 너에게 큰 불안감을 준다는 걸 알아. 지금은 내가 결정해줄게. 만약 네가 결정하길 원한다면 이야기해줘."

"논의에 귀를 기울이지 않는 아이는 어떻게 해야 하나요?"

관련된 정보를 고려하지 않는 아이들은 스스로 결정하도록 놓아두어서는 안 된다. 다시 말하지만 아이들이 미친 짓을 하길 바라는 게 아니다. 정보에 입각한 결정을 하기를 바라는 것이다.

"ADHD 아이의 경우는 어쩌죠? 다른 문제가 있는 아이들은요?"

부모의 바람과 달리 부모는 아이들을 영원히 보호할 수 없다. 빌은 지역 단과대학에 다니는 24세 여성의 부모와 상담한 적이 있다. 그녀는 대학에 5년째 다니고 있었지만 ADHD 탓에 아직 학점을 다 채우지 못했다. 당연히 그녀의 부모는 딸을 보호하기 위해 그녀의 삶을 통제해왔다. 하지만 정말 딸의 인생이 성공적이길 바란다면 부모가 달라져야 한다. "아이가 좌절하고 일어서지 못하면 어쩌죠?" 하지만 부모라도 딸이 원치 않는 것을 원하도록 만들 수 없고, 원치 않는 것을 하도록 할 수도 없다. 그녀의 성공은 부모의 역할이나 책임이 아니고, 부모는 그녀를 지지하고 공감하고 필요할 경우 적극적인 모습을 보일 수 있을 뿐이다.

"현실적으로 아이들이 모든 결정을 스스로 내릴 수 없는 것 같아요. 아이들이 무엇을 해야 할지 듣고 책임감 있게 준비시켜야 하지 않을까요?"

맞는 말이다. 아이들이 스스로 결정하지 못할 상황들이 있다. 하지만 이것을 명심해야 한다. 아이들에게 가능한 더 많은 선택의 순간을 제공해야 정말 필요한 순간에 아이들이 권위를 더 '잘' 받아들인다.

"때로는 아이가 그냥 제 말을 따르면 좋겠어요."

부모들은 바쁘다. 아침 식사와 출근 준비를 하면서 아이와 토론을 하고 싶지는 않을 것이다. 이럴 때면 이렇게 말해도 좋다. "네가 협상에 능하다는 것이 정말 기뻐. 하지만 시간에 쫓기거나 여러 일이 있을 때 엄마는 종종 피곤함을 느껴. 정말 바쁘고 정신 없을 때에는 네가 흐름에 따라줄 수 있으면 좋겠어. 그럼 아침 시간을 더 원활하게 사용할 수 있을 거야. 그런 상황에서는 네가 엄마를 '도와주고' 있다는 것을 인정할게."

아이가 협상의 방법을 아는 것은 중요하다. 아이는 자기 생각을 주장하는 연습이 필요하다. 아이가 부모를 절대 '이길' 수 없다면, 아이는 그 메시지를 내면화한다. 이후에 아이는 자신이 원하는 것을 얻기 위해서 속내를 숨기고 거짓말하거나 혹은 아주 쉽게 포기하고 만다. 아이의 말을 경청하고 때로 아이가 좋은 주장을 펼칠 때면 의견이 바뀌었다고 말해줘라. 아이는 더 사려 깊게 생각하고 논리적으로 말할 수 있게 될 것이다.

오늘 밤 할 일

- 아이에게 말해주기. "너에 대해 가장 잘 아는 건 너야. 아무도 너 자신보다 너를 잘 아는 사람은 없어. 너인 것이 어떤 느낌인지는 아무도 모르니까."
- 처리해야 할 집안일이 어떤 것이 있는지, 누가 그것을 해야 할지에 대해서 함께 의논하는 가족회의를 갖고 아이들에게 선택권 주기. 아이가 설거지와 강아지 산책 중 무엇을 할지, 화장실 청소와 쓰레기 버리기 중 무엇이 나을지, 그 일을 매주 일요일에 할지 아니면 수요일에 할지. 일관된 스케줄을 지키되 스케줄 선택권은 아이에게 주기.
- 아이가 맡고 싶어 하는 일의 목록을 정리하고, 그 일들의 책임도 아이에게 맡길 계획 짜기.
- 아이의 생활에서 잘 진행되지 않는 일(숙제, 잠자리에 드는 시간, 전

자기기 사용)이 있는지 물어보고 적절하게 진행되도록 할 방안이 있는지 알아보기.

- 당신이 과거에 결정했지만 지금 와서 보면 후회가 남는 선택에 대해 아이에게 말하고, 그 일에서 어떤 배움을 얻고 성장할 수 있었는지 이야기해주기.
- 아이의 판단력 칭찬하기. 아이가 동의한다면, 아이 스스로 결정해서 효과가 좋았던 일들에 대한 목록을 함께 만들기.
- 논리적이고 자연스러운 결과를 강조하고, 가족회의를 적극적으로 이용해서 집안의 규칙(평일 게임 금지 등) 논의하기.

불안을 관리하면 아이는 스스로 선택한다

부모들의 불안은 어제오늘의 이야기가 아니다. 동서고금을 막론하고 부모는 언제나 아이들을 걱정해왔다. 그리고 지금은 과거보다 더 심해진 것 같다. 왜일까? 먼저 IT의 발달로 우리는 눈을 뜨고 있는 매 순간 아이와 연락되지 않으면 불안해한다. 이런 일들은 얼마 전까지만 해도 생각할 수 없었다. 사회학자이자 《공포의 문화》의 저자인 배리 글래스너는 "대부분의 미국인은 인류 역사상 가장 안전한 시대에, 가장 안전한 장소에서 살고 있다"라고 한다.

하지만 뉴스와 SNS로 보는 희한한 사건들이 우리의 시야를 흐리다 보니, 좀처럼 그렇게 생각하기 어렵다. 여기에 논쟁을 일삼는 문화가 곁들여지면서 극적인 인식의 변화가 일어났다. 오늘날 6세 아이가 나무에 오르도록 놓아둔다면 부주의한 부모로 몰릴 것이며, 8세 아이를 혼자 걸어서 등교하게 한다면 태만한 부모 소리를 들을 것이다.

100년 전에는 부모로서의 두려움이라는 개념이 존재하지 않았다. 두려움이란 소아마비나 콜레라 같은 질병과 가뭄, 세계대전, 전면적인 경기침체에서 느끼는 것이었다. 자녀의 내신성적이나 교우 관계는 걱정거리가 될 수 없었다.

또한 아이들에게도 완벽한 부모는 필요치 않다. 아이들은 듬직한 부모가 필요할 뿐이다. 부모가 지나치게 스트레스받고 걱정하고 화내면 아이도 불안해한다. 이는 생각만큼 어렵지 않다. 아이의 행동에 당황하지 않는 것만으로도 충분하다. 최근의 한 연구에서는 양육에 사랑과 애정을 쏟기보다 부모 자신의 스트레스를 관리하는 것이 훨씬 효과적이라고 한다.

물론 아이 인생의 통제권을 아이에게 돌려주라는 말 자체가 스트레스일 것이다. 지금부터 이 장에서 우리는 듬직한 존재의 필요성과, 그 실행법도 알려줄 것이다. 듬직한 존재가 되는 일은 가짜로 꾸며낼 수 없다.

불안은 유전되는가?

먼저 나쁜 소식부터 이야기하자면 불안은 유전된다. 불안한 부모를 둔 아이들의 절반이 불안장애를 겪는다. 물론 아이마다 불안에 대한 민감성은 각자 다르고, 불안에 영향을 받지 않는 아이들도 있다. 과학자들은 이런 아이들을 '민들레형'이라고 부른다. 그들은 민들레처럼 환경에 큰 영향을 받지 않는다. 반면 '난초형' 아이들도 있는데 상황에 대한 생물학적 감수성이 대단히 높은 아이들로, 특히 양육 환경에 민감하다. 차분하고 애정 어린 환경에서는 아주 잘 자라지만 예민한 환경에서는 큰 어려움을 겪는다.

후성유전학 분야도 살펴볼 법하다. 후성유전학은 아직 연구 중인 분야로, 경험이 특정 유전자를 켜거나 끄는 식으로 영향을 미친다고 한다. 아이가 어떤 유전적 소인을 가지고 태어났다 하더라도 특정 유전자를 '켜는' 경험이 없다면 우울감이나 불안감이 발현되지 않는다.

다만 문제의 이 유전자를 '켜기'가 대단히 쉽다는 것이다.

간접적 스트레스의 전염성

스트레스에는 전염성이 있다. '스트레스 전염'에는 상당한 증거가 있다. 감기나 전염병처럼 스트레스는 퍼져나가면서 그 과정에 있는 모든 사람에게 영향을 미친다. 사무실에 우울한 사람이 한 명만 있어도 분위기가 싸늘해진 경험은 모두에게 있을 것이다. 가족 한 명의 불안이 온 집안으로 퍼져 모두가 안절부절못하는 상황 또한 겪어보지 않았는가?

간접적 스트레스는 개인적 스트레스보다 오래 갈 수 있다. 통제의 측면에서 생각해보자. 스트레스는 사건이나 환경에 대한 낮은 통제감에서 비롯되는 경우가 많다. 통제감이 낮을수록 큰 스트레스를 받는다. 예를 들어 언니가 팔에 있는 점이 암일지도 모른다고 생각하면 당연히 불안할 것이다. 하지만 언니가 병원에 가보기를 거부한다면 어쩔 수 없다. 이때 스트레스는 전체적이지는 않지만 언니의 통제하에 있고, 이 스트레스를 직접 해소할 방법은 없다는 말이다.

아이는 태중에서부터 환경의 영향을 받는다. 부모의 스트레스를 민감하게 받아들이는 것이다. 따라서 유아기에 부모가 큰 스트레스를 받으면 아이의 인슐린 분비와 두뇌 개발에 관련된 유전자를 포함한 유전자가 큰 영향을 받고, 이 영향은 사춘기까지 지속된다. 스트레스는 메틸화되며 태아와 영아의 유전자 발현에 영향을 미친다. 특정 유형의, '메틸기'라 불리는 화학물이 스트레스 반응을 막는 유전자를 '잠그는' 것이다.

태내와 영아기의 스트레스가 두뇌 발달에 가장 결정적인 영향을 주기는 하지만, 최근의 연구에서는 간접적인 스트레스가 그 시기 이후에도 지속된다고 한다. 만일 부모가 수학에 대해서 불안해하면 아이도 그럴 가능성이 크다. 단, 불안한 부모가 자주 숙제를 도와줄 경우에 그렇다. 달리 말해 수학에 불안감을 가지고 있더라도 부모가 관여하지 않는다면 아이는 불안감을 덜 수 있다는 말이다. 이 흐름은 역으로도 작용한다. 아이가 화내면 부모의 편도체가 반응해서 침착함을 유지하기가 더 어려워진다. 그래서 아이가 소리를 지르면 부모도 똑같이 소리치는 상황이 벌어지는 것이다. 왜 이런 일이 생기는 것일까? 이 바이러스는 어디에서 혹은 어떻게 '옮는' 것일까?

1장에서 말했던 것 같이 편도체는 위협을 감지하고 타인의 불안이나 두려움, 분노, 절망을 알아차린다. 심지어 스트레스를 받은 사람의 땀 냄새에서도 두려움과 불안을 감지한다. 둘째, 전두엽피질에는 '거울 뉴런'이 있다. 그 이름대로 거울 뉴런은 사람이 보고 있는 것을 모방하는 듯 보인다. 그래서 거울 뉴런은 연민 같은 감정에서 중요한 역할을 한다. 그 방증으로 타인을 모방하는 데 문제가 있는 자폐증 환자는 이런 뉴런의 기능이 비전형적이다. 이 거울 뉴런 덕분에 관찰을 통한 배움이 가능하지만, 순기능만 있는 것은 아니다. 거울 뉴런 때문에 불안이 전염되는 것이다. 이런 모방 과정은 유아기부터 시작된다. 단적으로 스트레스가 큰 부모의 아기는 더 많이 운다.

아이에게 부모의 불안을 숨길 수 있다고 생각하지 마라. 심리학자 폴 에크만은 사람의 수천 가지 표정을 찾고 분류했다. 인위적으로도 표정을 만들 수는 있지만, 의도와 관계없이 감정이 드러나는 비자발적 표현 시스템도 있다. 말콤 글래드웰과의 인터뷰에서 에크만은 이렇게 설명했다. "누군가가 당신의 표정에 대해서 언급하는데 정작 자신은 그런 표정을 짓고 있는지 몰랐던 경험이 있을 것입니다. '무엇 때문에 기분이 안 좋으세요?', '왜 그렇게 히죽거리고 있어?'" 자신의 목소리는 들을 수 있지만 자신의 표정은 볼 수 없다.

아이들은 부모를 본다. 부모가 원치 않을지라도, 혹은 별다른 생각 없이 감정을 드러낼 때도 아이들은 부모를 모방한다. 그리고 부모의 감정을 느낀다. 문제는 아이들이 본 것을 무척 서투르게 해석한다는 것이다. 어른은 기분이 별로인 배우자와 저녁을 함께해도 '오늘 기분이 별로 안 좋구나. 하지만 나 때문은 아니야. 그냥 놔둬야겠어'라고 생각할 수 있다. 하지만 아이는 다르다. '아빠가 기분이 좋지 않아. 내가 뭔가 잘못한 게 있나 봐.' 아이가 스트레스를 받으면 미성숙한 해석 기능은 더 엉망이 된다. 아이는 뛰어난 관찰자이지만 형편없는 해석자이다.

성숙함의 척도는 감정적 측면의 자기 제어 능력이다. 전두엽피질이 자신이 무엇을 하고 있으며 어떤 책임을 맡고 있는지 의식하게 되면서 감정을 제어할 수 있게 된다. 하지만 아이는 스트레스받거나 기분 안 좋은 아빠를 봤을 때, "별일 아냐. 곧 괜찮아질 거야"라고 말하지 못한다. 아이는 공황 상태에 빠지고 편도체가 반응한다. 부모가 미처 눈치채기도 전에 아이까지 스트레스를 받는다. 이런 일이 너무 자주 일어나면 아이의 편도체는 점점 더 커지고 민감해진다. 로버트 새폴스키의 표현대로, 스트레스가 장기간 지속되면 편도체는 점점 '발작적인' 상태가 된다.

부모의 감정과 상태를 아이에게 말해야 한다. 너무 많은 이야기를 하면 아이가 준비되지 않은 감정으로 힘들어하지는 않을까 걱정하는 사람들이 있다. 하지만 그들에게 무엇을 말하든 아이가 느낄 두려움, 불안, 의심 등은 각별히 신경 써야 한다. 이야기나 설명이 없으면 사람들은 나름의 이야기를 상상한다. 그리고 아이들은 경악스러운 상상력을 발휘한다.

아이즈의 어머니는 암을 진단받았다. 부부는 네드에게 이 사실을 알리면서 이제 16세인 딸에게 알리고 싶지 않다고 했다. "아이가 걱정하는 건 원치 않아요." 네드는 잠시 생각해보다가 아이즈가 분명 그들의 걱정을 눈치챌 것이라고 했다. 평생 부모님의 표정을 봐온 아이즈가 눈치채지 못할 리 없었다.

무언가 잘못되었다는 느낌이 드는데도 부모는 아무 문제 없다고만 한다면 아이즈는 어떻게 생각할까? 이혼이 임박한 것일까? 나 때문에 화가 나신 걸까? 그 외에도 다른 어떤 생각을 할지 알 수 없다. 결국 아이즈에게 사실을 밝혀야 했다. 이후 아이즈는 걱정과 불안을 덜고 집안일을 하며 동생을 돌보기 시작했다.

치료를 받고 있기는 하지만 암이 나을지 어떻게 될지는 알 수 없다. 하지만 솔직함은 큰 도움이 되었다. 부모와 아이의 진실을 분리하지 않음으로써 이 가족은 협조적 관계를 이루게 되었다.

불안을 깨우는 행동들

아이의 불안 유전자를 '작동' 상태로 만드는 두 번째 방법은 행동을 통한 것이다. 불안이 사회적 변동 때문이라고 가정해보자. 즉 사회적 상황에서 타인에게 면밀한 조사를 받거나 부정적인 평가를 받는 데 두려움을 느끼는 것이다. 존스홉킨스대학의 한 연구는 이런 형태의 불안이 큰 부모는 상대적으로 따뜻함과 애정을 전하는 데 어려움을 겪으며, 아이들의 능력에 더 많은 의심을 표현하는 경향이 있다는 것을 발견했다. 그들은 아이들에게 자율성을 허용하지 않는다. 그 결과 자녀의 불안도 커진다.

특정 행동이 바람직하지 못한 유전자를 발현시킨다면, 특정 행동을 피함으로써 이런 유전자의 발현을 막을 수 있다. 존스홉킨스대학에서는 무엇이 아이들의 불안을 키우는지 연구했다. 한 집단은 아이와 부모의 불안을 줄이는 데 초점을 맞춘, 가족 중심의 개입 치료 프로그램에 참여했다. 불안 관리에 대한 서면 지침만을 받은 가족의 아이 중 21%, 치료나 서면 지침을 받지 않은 가족의 아이 중 20%가 다음 해에 불안장애 진단을 받았는데, 개입 집단에 속한 아이 중 불안 진단은 9%에 불과했다. 이 연구 결과를 복제한 2016년의 연구에서는 통제집단 내 아이의 31%, 개입집단 내 아이의 5%가 불안장애 진단을 받았다.

통제되지 않는 불안은 주의해야 한다. 부모의 불안이 아이를 통제하려 할 것이고, 이러한 통제는 아이의 반항으로 이어진다. 그리고 다시 반항은 부모의 불안을 높이며 관계는 악순환에 빠진다. 마지막으로 과학적 연구 다음으로, 상식적인 사례를 살펴보자. 부모가 아이에 대해 과하게 걱정하면 아이는 자신감을 잃는다.

로버트: 엄마는 항상 저를 걱정하세요. 제가 나쁜 짓을 할까 봐 늘 염려하시죠. 아빠는 그냥 이렇게만 말했어요. "재밌게 지내. 경찰에 잡혀가지만 않게 하렴."

빌: 엄마가 너에 대해 이렇게 걱정하신 지 얼마나 됐니?

로버트: 꽤 됐어요. 작년에 제가 엄마를 좀 밀어내려고 하기 전까지는 알아차리지 못했어요. 엄마는 제가 어렸을 때 교실을 힐끗 보며 지나가곤 하셨대요. 제가 다른 아이들과 잘 지내는지 보시려고요.

빌: 그게 언제였지?

로버트: 4학년 때부터 6학년 때까지요.

빌: 엄마가 그렇게 말씀하셨을 때 어떤 생각이 들었니?

로버트: 항상 친구들과 좋은 건 아니겠지만, 그렇게 걱정하실 필요는 없어요.

빌: 엄마와 관계는 좋다고 생각하니?

로버트: 계속 저를 감시하지만 않으시면요.

빌은 어머니의 이야기도 들었다. 어머니는 이야기할 때 조용히 눈물을 흘리다가 "저는 아이가 자신에 대해 좋게 느끼기를 바랐을 뿐이에요"라고 말했다. 빌은 티슈를 건네고 진정되기를 기다렸다가 이렇게 말했다. "우리가 아이에 대해 크게 걱정할 때, 아이가 자신에게 좋은 감정을 느끼기는 어렵습니다." 이것은 상식이다. 부모가 아이를 있는 그대로 받아들이지 못하는데 그들이 자기 자신을 있는 그대로 받아들이길 기대할 수 있겠는가?

아이는 부모의 스트레스와 함께 차분함도 모방한다

주변에 침착한 사람들이 있을 것이다. 세상의 혼란을 보면서도 언제나 행복한 기운으로 삶의 통제감을 유지하는 사람들을 말이다. 이런 사람들은 주변 사람들에게 자신의 차분함과 자신감을 내비쳐 다른 이들도 비슷한 균형감이 발달하게 돕는다.

빌과 네드가 이 점을 잘 아는 이유는 그들이 많은 내담자에게 앞서 말한 불안해하지 않는 존재이기 때문이다. 이런 사람들이 암을 치료해

주지는 못하지만, 스트레스는 줄여줄 수 있다. 최근 한 어머니는 빌과 네드의 모든 강연에 참석한다고 말했다. 강연을 들을 때마다 적어도 한동안은 차분함과 자신감을 유지할 수 있기 때문이다.

네드가 학생과 부모들에게 선사하는 진정 효과는 좀 더 가늠하기 쉽다. 그는 자신이 가르친 아이들의 점수 통계를 계획적으로 관리하지는 않는다. 하지만 학생들이 네드와 몇 번의 수업만으로 큰 점수 향상을 보이는 이유는 무엇일까?

네드의 학생들은 다양한 가정 배경을 지니고 있다. 학생들에게는 자식을 애지중지하는 부모, 일 중독인 부모. 헬리콥터 부모도 있고, 혹은 부모가 없는 경우도 있다. 하지만 그들이 가정에서 어떤 말을 듣든 그들은 네드의 듬직한 존재감에 안정감을 느낀다. 성적 향상은 이 안정감의 부수적인 효과이다.

학생들은 말한다. "선생님이 시험장에 있어 주시기만 하면 좋을 텐데요." 재미있지 않은가? 네드가 시험장에 가만히 앉아 있는 게 아이가 피타고라스의 정리를 기억하는 데 도움이 된다는 것이.

그는 이 명제를 시험해보았다. 아이에게 몇 단원의 연습 시험을 보게 하면서 3가지 다른 상황을 연출했다. 먼저 아이가 시험을 치르는 동안 그는 책상 건너편에 조용히 앉아 있었다. 다음에는 시험을 칠 때 방을 나가고 아이를 아무도 없는 조용한 방에 있게 했다. 마지막으로 좀 더 현실적으로, 다른 아이들이 다리를 떨거나 머리를 짜내는 교실에서 함께 시험을 보게 한 것이다. 가장 좋은 성과를 낸 것은 언제였을까? 짐작했겠지만, 네드와 함께 있을 때였다. 그가 시험장에서 나가자 아이는 부정적인 생각이 커지기 시작했다. 당연히 성적은 좋지 않았다. 다른 아이, 즉 다른 불안한 존재들과 함께 시험을 볼 땐 스트레스가 전염병처럼 퍼졌다.

'불안해하지 않는 존재'라는 말이 있다. 이 말은 랍비이자 복잡계 과학을 연구하는 연구자이고 컨설턴트이기도 한 에드윈 프리드먼이 만든 말이다. 그는 리더가 자신에게 충실하고 진실하며 지나친 불안감과 걱정이 없을 때, 따라서 지나친 불안과 걱정을 타인에게 표출하지 않을 때 그 집단이 최고의 성과를 올린다는 것을 입증해냈다. 프리드먼에 따르면, 이 연구 결과는 가정에도 적용된다.

과학자들도 그의 견해를 뒷받침한다. 어미 쥐로부터 떨어뜨렸다가 곧 다시 어미 품에 되돌려놓고 어미의 손길을 받게 한 '느긋한 캘리포니아 쥐'를 기억하는가? 같은 연구자들은 이후 차분한 양육 스타일과 불안한 양육 스타일이 새끼 쥐의 발달에 미치는 영향을 연구했다. 그 결과 스트레스 수치가 낮은 어미 쥐는 새끼를 핥고 털을 고르는 데 많은 시간을 보낸다는 것을 발견했다. 그들이 낳은 새끼는 핥고 털을 고르는 행동에 눈에 띄게 덜 노출된 쥐들보다 더 차분하고 활발했다. 왜일까? 전문가들은 대개 어미 쥐가 전달한 것은 세상이 안전하며, 너는 그 안에서 마음껏 돌아다니고 탐색해도 된다는 느낌이라고 본다. 그것은 스트레스 통제에 관련된 새끼 쥐의 유전자까지 바꾸어놓았다.

이것은 차분한 어미 쥐가 차분한 새끼 쥐를 낳는다는 유전학적 문제가 아니다. 새끼를 많이 핥아주는 어미 쥐에게 유전적으로 불안에 취약한 새끼 쥐를 위탁 양육해도 그 새끼 쥐는 차분해진다.

차분한 어미 쥐들은 집을 안전한 베이스로 만든다. 집이 과도한 싸움이나 불안, 압박감이 없는 차분한 장소가 될 때, 아이들이 필요로 하는 재생의 장소로 기능한다. 아이들은 하루를 마치면 안전한 장소에서 회복할 수 있다는 생각을 가질 때 시험이나 오디션처럼 도전들로 가득한 세상을 더 잘 헤쳐나갈 수 있다.

불안해하지 않는 존재가 되는 법

불안해하지 않는 존재인 척이 아니라, 정말 그런 존재가 되기 위해서는 자기 스트레스에 대해 파악해야 한다. 아이만큼이나 자신에 대한 통제가 필요하다. 지나치게 아이에게 도움을 주고자 한 것이 때로는 역효과를 불러올 수 있다. 아이에게 불안해하지 않는 존재감을 전하기 위한 모든 노력은 부모에게서 시작된다. 여기 우리와 함께 작업했던 부모들에게 유용했던 몇 가지 정보를 소개한다.

육아의 최우선 목표는 아이와 함께 즐거운 시간을 보내는 것이다

경쟁이 심하고 정신없이 바쁜 세상에서는 기본을 잊기 쉽다. 아이에게 최고의 시간은 부모와 즐거운 시간을 보낼 때이다. 모든 순간을 아이와 함께할 필요도 없고, 육아가 힘들 때 그렇지 않다고 자신을 설득할 필요도 없다. 아침에 혹은 일터에 나가느라 온종일 보지 못했다가 아이를 만났을 때 우리의 모습에 대해서만 생각해보자. 그것이 아이에게 어떤 경험일지 생각해보자. 누군가가 매번 나를 볼 때마다 기적처럼 바라보고 미소를 짓는다고 생각해보라.

아이는 자신과 보내는 시간에 진심으로 행복해하는 부모를 보며 즐거움을 얻는다. 이런 감정은 아이의 자존감과 행복감에 믿을 수 없을 만큼 강력하고 중요한 역할을 한다. 아이와 함께 즐거운 시간을 보내는 것이 육아의 최우선 목표이고, 아이가 즐거워하는 경험을 함께 쌓아야 한다.

일단 즐거움을 최우선으로 정해두고 그 목표를 향해 나간다. 일의 압박 때문에 아이와의 시간을 즐기지 못하고 있다면 긴장 해소에 집중한다. 부부간의 갈등 때문에 즐거움을 얻지 못한다면 부부 치료에 대해 알아본다. 아이의 문제 행동 때문에 즐겁지 않다면 전문가를 만나 도움받는다. 아이들과 너무나 많은 시간을 함께하기 때문에 아이와의 시간을 즐기지 못할 수도 있다. 아이와의 즐거운 시간을 방해하는 요인을 해소하고, 함께 보내는 시간을 최대한 즐겁게 만들어라.

미래를 두려워하지 않는다

부모의 불안 대부분은 미래, 즉 우리가 통제력을 발휘하지 못하는 일에서 발생한다. 아이가 어떤 일을 겪고 있든, 상황이 개선되리라는 확신이 들면 부모의 불안은 줄어든다. 아이가 잘하지 못할 때 부모가 스트레스받고 고통받는 이유는 '갇힌다는 두려움' 때문이다. 우리 아이가 부정적인 상태에 갇힐까 봐 두려운 것이다.

두려움이 차오를 땐 길게 봐야 한다. 삶은 경주가 아니며, 세상은 늦깎이가 더욱 반짝이는 경우도 많다. 많은 사람이 어린 시절에 방황하지만 결국 성공적으로 살아간다. 10대의 모습이 평생의 모습은 아니다. 전두엽피질은 사춘기부터 성년 초기까지 급속히 발달한다. 마크 트웨인은 이렇게 말했다. "내가 14살일 무렵 아버지는 정말 구닥다리로 보였다. 하지만 21살 때 나는 아버지가 얼마나 현명한지 알고 놀랄 수밖에 없었다."

대부분의 아이들은 심각한 문제를 겪지 않고 유년기와 청소년기를 보낸다. 문제가 있더라도 대부분은 잘 해결된다. 문제가 생길 때마다 노심초사하는 것은 오히려 상황을 악화시킬 뿐이다.

자신의 스트레스 관리에 집중한다

1990년대 말은 지금처럼 누구나 스마트폰을 가지고 다니고 삶의 속도가 미친 듯이 가속화된 시대는 아니었다. 사람들의 스트레스가 지금보다는 분명 작았다는 뜻이다. 그런데도 이 시기의 한 설문조사에서 청소년들은 무엇보다 자기 부모들이 더 행복하고 스트레스를 덜 받기를 바란다고 했다. 아이들도 부모의 스트레스와 불행을 감지하기 때문이다. 혼이 나거나, 훈계를 듣거나, 무시를 당하는 경우가 아니더라도 말이다. 부모는 모르겠지만, 부모가 아이들을 걱정하는 만큼 아이들도 부모를 걱정한다.

그러니 속도를 늦추어라. 운동을 하고, 충분히 잠을 자라. 명상을 시도해봐도 좋다. 가족과 함께 명상을 실천하는 한 10대는 이렇게 말했다. "명상은 마음을 가라앉혀주고 엄마도 가라앉혀줘요." 그의 어머니는 규칙적으로 명상한 이후 가정에서 훨씬 더 차분한, 불안해하지 않는 존재가 될 수 있었다.

디폴트 모드 네트워크에 대해서 생각해보고 철저한 '정지시간'(이에 대해서는 6장에서 더 자세히 다룰 것이다)을 조성한다. 오늘날 성인들은 잠깐이라도 내면으로 주의를 돌리는 정지시간을 갖지 못한다. 무수한 연구가 정지시간의 필요성을 입증하고 있는데도 말이다. 주의를 그만 분산시키고 현재를 온전히 느끼는 데 집중하라.

가장 큰 두려움과 화해한다

불안한 부모들이 스스로에게 던질 수 있는 가장 강력한 질문은 "내가 가장 두려워하는 것은 무엇인가?"이다. 최악을 상상해보면 되레 안정감을 찾을 수 있다. 자신이 최악의 상황에서도 여전히 아이들을 사랑하고 지지할 것임을 깨달으면 자연스레 많은 걸 내려놓을 수 있을 것이다. 이런 측면에서 가장 심각하다고 말하는 두려움들을 눈앞에 마주하고 다루어보자.

자주 듣는 질문들

"아이가 막다른 길에 이르게 될까 두려워요."

지금 아이의 선택 때문에 좋은 교육을 받지 못하고, 성공적인 인생에 필요한 기술을 배우지 못하고, 진정한 우정을 쌓지 못하고, 결혼하지 못하는 등의 일이 생길까 봐 두려워하고 있을 것이다. 그럼 학창 시절 우리의 문제에 대해서 생각해보자. 그때의 문제들이 여전히 우리를 괴롭히고 있는가? 우리가 성장하면서 변했듯, 우리의 자녀도 어느 시점에서 필연적으로 그렇게 변한다.

2장에서 던졌던 질문을 기억하는가? "누구의 인생인가?" 방금 말한 일들이 일어나도 부모는 여전히 아이를 사랑하고 아이에게 도움이 되는 일은 무엇이든 할 것이다. 부모의 몫은 아이를 사랑하고 지지하는 것이다. 아이를 고통으로부터 보호하는 것은 부모의 몫이 아니다. 또 그렇게 할 수도 없다.

"제가 아이를 그저 지켜보기만 하면 아이가 자신의 행동에 문제가 없다고 생각할까 봐 두려워요."

불안이 많은 부모는 아이에게 엄격한 경향이 있다. 아이가 더 나아질 때까지는 그렇게 해야 한다고, 그때까지는 '느슨'하면 안 된다고 생각한다. 이렇게 되면 부모는 끊임없이 아이와 부딪혀야 한다. 하지만 앞서 이야기했듯 식사 예절, 정리, 숙제 등을 계속 감시하는 것은 역효과만 낸다. 부모가 아이를 통제하고 아이는 저항하는 상황이 반복되면 아이는 높은 확률로 부정적인 패턴에 갇힌다. 아이의 삶의 통제감은 영향을 주지 '않는' 것에 달려 있다.

"제가 잠시 경계를 늦추었을 때 아이가 봉변을 당하면 어떻게 하나 두려워요."

학교에 가는 길에 유괴나 교통사고를 당할까 봐 걱정되는가? 이럴 때는 2가지 대응법이 있다.

첫째, 지금이 인류사에서 가장 안전한 시대라는 것을 기억하고, 세상을 보는 시각이 왜곡되어 있음을 깨닫는 것이다. 범죄율과 자동차 사고 사망률은 수십 년 이래 최저이다. 문제는 위험에 대한 '인식'이다. 〈애틀랜틱〉에 발표된 한 기사를 보자. 사고가 발생한다는 이유로 운동장 내의 모든 위험을 제거하느라 대부분의 놀이 구조물에 탐색과 창의성의 여지가 남아 있지 않게 됐다. 이런 노력에도 불구하고 사고의 수에는 큰 변화가 없다.

둘째, 아이를 가능한 한 안전하게 지키는 가장 좋은 방법은 아이가 직접 경험하고 판단하게 가르치는 것이다. 6살 때는 나무에 올랐다가 떨어지게 놓아두라. 어쩌면 깁스를 할지도 모르지만, 다음에 무엇을 조심해야 할지 알게 된다.

아이는 치명적이지 않은 위험을 계속 관리해봐야 한다. 삶은 위험과 동떨어질 수 없다. 우리는 사랑에서, 일에서, 재정적인 면에서 늘 위험을 마주한다. 위험을 인식하고 관리하는 방법을 배우는 것은 성장의 일부이다. 언제까지고 아이를 보호할 수 없다. 아이가 스스로 책임감을 갖도록 이끌어라. 부모의 보호를 당연하게 여기면 아이들은 더 부주의해진다. 온 세상에 카펫을 깔아주기보다는 슬리퍼를 내주는 편이 훨씬 쉽다. 영화 '미스 페레그린과 이상한 아이들의 집'에서는 이렇게 말한다. "우린 너를 과하게 보호하는 대신 네가 용감해지도록 도울 거야. 그게 훨씬 나으니까."

비심판적 수용의 태도를 택한다

워너 에르하르트는 1970년대에 "그러려니"라는 말을 유행시켰다. "사는 게 다 그렇지"라고 할 수도 있을 것이다. 이것은 세상을 있는 그대로 받아들여야 한다는 말이다. 사람에 적용할 때는 그 사람의 나쁜 점들까지 모두 사랑해야 한다는 이야기이다.

아이가 더 좋은 학교에 갔으면, 덜 불안해했으면, SNS에 매달리지 않았으면…. 모든 감정적 고통의 공통분모는 현실을 바꾸고자 하는 욕망이다. 개리 에머리와 제임스 캠벨은 그들의 책 《정서적 고통의 빠른 경감(Rapid Relief from Emotional Distress)》에서 "우리는 현실과 화해하는 법을 스스로 터득해야 하고, 이를 위해서는 우선 현실을 있는 그대로 솔직하게 받아들여야 한다"라고 한다. 그들은 ACT, 즉 수용(Accept), 선택(Choose), 행동(Take Action)이라는 공식을 내세운다. 아이와 관련된 상황이라면 다음과 같은 모습이 될 것이다.

- 나는 아이의 성적이 나쁘고, 아이에게 친구가 없고, 아이가 글을 읽지 못한다는 생각을 '수용'한다. 그리고 나는 이것을 아이의 여정의 일부로 바라본다.

- 나는 아들에게 지원을 아끼지 않는, 차분하고 연민이 있는 부모라는 자아상을 창조하기로 '선택'한다.
- 나는 아이를 돕고, 아이의 힘에 초점을 맞추어 필요한 부분에는 한계를 설정하고, 수용과 자기 보호의 본보기를 보이는 '행동'을 취할 것이다. 그리고 나는 아이를 도울 수 있는 어떤 영역에서 다른 누군가 내가 할 수 있는 것보다 더 많은 도움을 줄 수 있다면 기꺼이 도움을 요청할 것이다.

수용은 승인이나 용납이 아니다. 학대를 참는 것도 아니다. 수용은 마음속으로 현실과 싸우거나 완전히 부정하는 대신 현실을 인정하는 것이다. 현실의 수용은 '나는 이 세상에서 내 아이가 어떻게 되어야 하는지 알고 있다' 같은 비생산적인 생각을 이기는 유일한 해답이다.

수용의 힘은 강력하다. 아이들을 진정으로 수용하면 존중의 마음이 전해진다. 수용은 선택이기도 하다. 세상을 있는 그대로 수용하면 삶의 통제감이 커진다. 이로써 우리는 더 효과적으로 한계를 설정하고 규율할 수 있다. 수용은 융통성을 키우고 사려 깊은 반응을 낳는다.

어쩌면 우리 아이들의 지금 모습이 이 순간 반드시 있어야 하는 자리에, 정확히 있어야 하는 모습으로 있는 것일지도 모른다는 생각을 해보라. 이 말은 더 나은 미래를 바라지 않는다는 뜻이 아니다. 다만 이 순간이 삶의 궤도에서 이탈했다는 증거가 되지 않는다는 뜻이다.

새옹지마塞翁之馬라는 말을 아는가? 무척 가난한 농부가 있었다. 그는 아들 한 명과 땅을 가는 말 한 마리가 있었다. 어느 날 말이 도망을 가버리자, 이웃이 와서 말했다. "가엾은 친구! 안 그래도 가난한데 이젠 말까지 없어졌군." 농부가 말했다. "그럴 수도 있고 아닐 수도 있지." 다음 주에 농부는 아들과 밭을 갈았다. 말이 없어 일이 더뎠다. 하지만 일주일쯤 후에 말이 야생마와 함께 돌아왔다. "엄청난 행운이군!" 농부가 말했다. "그럴 수도 있고 아닐 수도 있지." 농부의 아들은 야생마를 길들이려고 애쓰던 중에 낙마해 다리를 다쳤다. "이 불쌍한 사람!" 아들의 다리를 보고 이웃이 말했다. 농부는 말했다. "그럴 수도 있고 아닐 수도 있지." 얼마 후 젊은 남성은 모두 군대로 오라는 황명이 떨어졌다. 하지만 농부의 아들은 걸을 수 없어 군에 가지 않을 수 있었다.

양육에 있어서 마음에 새겨둘 법한 우화이다. 인생은 길다. 끝나기 전에는 무슨 일이 일어날지 아무도 모른다.

오늘 밤 할 일

- 되도록 미디어가 없이 아이와 시간 갖기. 자녀가 여러 명이라면 부모와 자녀가 돌아가면서 1대 1의 시간을 가진다. 이 시간 동안 아이는 자신이 당신의 최우선 순위에 있음을 느낀다.
- 두려움을 기반으로 아이에 대한 결정을 내리지 않기. '지금 이것을 하지 않으면 큰일 날까 봐 두려워'라는 생각은 즉시 멈추어라. 그저 지금 적절하다고 생각되는 일을 하도록 하라.
- 아이가 문제를 겪고 있다면 매일 아이의 문제에 대해서 걱정하

는 짧은 시간을 정하고 스케줄 표에 그 시간을 적어두기. 이로써 온종일 걱정하지 않아도 괜찮다는 것을 두뇌에 알릴 수 있다.

- 누가 무엇에 대한 책임이 있는지 기억하기. 아이의 모든 일이 잘 되어가는지 항상 감독하는 것은 당신의 역할도 책임도 아니다.
- 종이 한 장을 꺼내서 가운데 세로 선을 그리고 왼쪽에는 다음과 같은 문장을 적는다. '제레미에게 학습장애가 있어도 괜찮다', '사라가 지금은 친구가 없어도 괜찮다', '벤이 지금은 우울증이어도 괜찮다' 오른쪽에는 이 문장에 대한 반응으로 마음속에 반사적으로 떠오르는 생각(아마도 반박)을 적는다. 이 반사적인 생각에 의문을 제기한다. '이 생각이 정말일까?', '이것을 믿지 않는다면 나는 어떤 사람이 될까?' 같은 질문을 던진다. 작가이자 강연자인 바이런 케이티 등이 개발한 이런 종류의 자문자답은 부정적인 틀로 작용하는 생각들을 발견하는 데 매우 유용하다.
- '당신'을 위한 스트레스 경감 계획 세우기. 당신을 진정시키는 것(운동, 수면 등)은 무엇이며 어떻게 하면 그런 일을 좀 더 할 수 있을까? 자신의 행복을 희생하면서 아이를 위해서만 일하지 말라. 철저한 '나만의' 시간을 갖는다.

무엇이 아이를 스스로 움직이게 하는가?

동기는 까다로운 문제이다. 우리는 자녀가 악기를 연습하거나, 수학 시험에서 좋은 성적을 거두거나, 부모를 도와서 집 청소를 하고 싶어 하기를 바란다. 하지만 아이들이 원하지 않는다면 어떻게 해야 할까? 여태 아이가 원하지 않는 것을 원하도록 만들 수 없다고 설득하는 데 꽤 많은 시간을 투자했다. 그렇다면 이런 의문이 생길 것이다. "도대체 부모는 무엇을 할 수 있단 말인가?"

부모가 할 수 있는 일은 무척 많다. 우선 반드시 구분해야 할 것이 있다. 부모의 '필요' 때문에 아이들에게 무언가 바란다는 것이다. 네드의 딸 케이티에게는 등교 시간이 심각한 문제가 아니지만, 네드와 바네사에게는 케이티가 양치하고, 옷 입고, 차에 타서 안전벨트를 매는 일이 중요하다. 안 그러면 학교와 직장에 늦기 때문이다. 이런 범주에 속하는 이야기는 헤아릴 수 없이 많다. 아이들은 대체로 집안의 일에 동기부여가 되어 있지 않다. 그러다 보니 마지못한 아이들의 태도가 부모의 스트레스를 유발하는 것이다. 평일 7시 30분쯤 주택가 골목에 나가보면 이 집 저집에서 터져 나오는 고성과 혼란을 바로 체감할 수 있을 것이다.

자녀의 내적 동기가 발달하게끔 돕는 방법

이런 상황이면 대부분의 부모는 외적 동기부여의 고전인 채찍과 당근을 사용한다. 보상은 좋은 습관을 들이도록 만들 수 있으므로 효과적이다. 단기 목표를 달성하고, 행동을 교정하고, 협력하도록 아이들을 격려하는 데 도움 된다. 또 아이가 어떤 일을 처음 시작하도록 할 수도 있다. 일부 아이, 특히 ADHD 아동의 경우 보상은 지루한 과제에 대해 두뇌를 활성화하고 제시간에 잠자리에 들거나 숙제를 하는 등 그들에게 정말로 어려운 과제에 도전하도록 할 수도 있다. 하지만 이 역시 동기 개발과는 무관하고, 협력을 요청하는 일에 지나지 않는다.

이런 단기적 외부 동기는 이 장에서 이야기하는 유형의 동기가 아니다. 이 장의 목표는 장기전에 필요한 자기 동기부여이다. 아이들이 지녔으면 하는, 그래서 어떤 일에 헌신하고, 자신의 잠재력을 개발하고, 원하는 방향으로 정진하게 하는 내적 추진력 말이다. 지난 40년에 걸친 연구들은 상벌 스티커나 다양한 형태의 통제가 장기적인 동기부여에 방해가 된다는 증거를 계속해서 내놓고 있다. 아이들은 스스로 동기를 부여하고 자기 자신의 가치를 깨달아야 한다. 아이들은 자기 삶을 경영하고 삶을 의미 있게 만들기 위한 방법을 찾아야 한다.

피해는 즉각적으로 나타나지 않는다. 오랜 시간에 걸쳐 누적된 뒤에 표면화된다. 지금까지 많은 연구에서 점수를 비롯한 어떤 성과에 대한 보상이 오히려 수행 능력을 낮추고, 창의력을 억누르고, 시험에서 부정행위를 하거나 수행 능력을 높이는 약물을 복용하는 등의 나쁜 행동으로 이어질 수 있다는 것을 보여준다. 더 중요한 사실은 이런 외적 동기 요인이 자신이 아닌 누군가가 자신의 삶을 대신 책임진다는 생각을 강화할 수 있다는 점이다.

보상은 자발적 흥미를 해치고 보상 그 자체에만 관심 갖게 만들 수 있다. 더구나 우리의 영리한 두뇌는 외적 동기를 꿰뚫어 본다. 우리는 강압하려는 시도를 간파하고 거기에 저항하는 방식으로 진화해왔다. 따라서 일이나 과제를 하지 않고도 보상을 얻을 방법을 고안하는 것이다. A 학점을 받고도 몇 달 후면 그 내용을 거의 기억하지 못하는 이유이기도 하다.

당근과 채찍 이전에, 먼저 두뇌가 어떻게 작동하는지에 대해 제대로 이해할 필요가 있다.

무엇이 우리를 움직이게 하는가?

동기가 우리의 두뇌와 몸에서 작동하는 방식을 이해해보자. 다행스럽게도 심리학과 신경과학은 동기를 '만드는' 방법에 대해 같은 의견을 가지고 있으며 그 레시피까지 제시하고 있다. 여기에는 몇 가지 핵심 재료가 있다.

- 태도 동기부여의 토대
- 자기결정 자율성, 유능성, 유대감
- 도파민 '앞으로 나아가도록' 만드는 보조제
- 몰입 두뇌 발달을 이끄는 집중

태도 - 동기부여의 토대

저명한 심리학자 캐롤 드웩의 동기와 태도에 대한 연구는 오랫동안 여러 분야에서 많은 주목을 받았다. '고정적 태도(fixed mindset)'의 학생들은 실수가 능력의 부족에서 비롯된다고 생각한다. 반대로 '성장지향적 태도(growth mindset)'의 학생들은 노력을 통해 더 높은 성취를 달성할 수 있다고 본다. 성장지향적 태도는 삶의 통제감과 밀접한 관련이 있다. 그들은 성취가 자신의 능력 범위 내에 있다고 생각하기 때문이다. 드웩은 성장지향적 태도의 학생들은 성적보다 배움 자체를 더 중시한다는 점을 발견했다. 달리 말해 동기가 내면적이라는 뜻이다. 그들은 타인의 평가에 의존하지 않는다. 성장지향적 태도를 함양하면 아이의 삶의 통제감이 높아지고, 정서적 발달이 촉진되고, 자연스레 성적이 오른다.

이러기 위해서는 성과보다 노력 자체를 칭찬해야 한다. “참 똑똑하구나”보다는 “정말 호기심이 많구나”라고, “점수가 잘 나왔네!” 대신에 “열심히 하는 모습이 멋져”라고 말하는 것이다. 이러한 성장지향적 태도는 아이의 동기부여를 위한 가장 중요한 조건이다.

자기결정 - 자율성, 유능성, 유대감

동기부여는 훈육에서 있어 가장 핵심적인 주제 중 하나이다. 때문에 이 연구는 오래도록 진행되었다. 저명한 심리학자 에드워드 데시와 리차드 라이언도 동기부여를 연구했다. 데시와 라이언은 심리학에서 가장 많은 지지를 받는 이론 중 하나인 ‘자기결정 이론(SDT, Self-determination theory)’을 개발했다. 이 이론에서는 인간이 3가지 기본적인 심리 욕구가 있다고 말한다.

- 자율성
- 유능성
- 유대감

그들은 이 3가지 심리 욕구 중에서도 자율성이 내적동기 개발에 가장 중요하다고 한다. 그렇다면 자율성에서부터 출발해보자. 자기결정 이론에 따르면 아이를 비롯한 모든 이에게 동기를 부여하는 최선의 방법은 삶의 통제감을 키워주는 것이다. 학교, 가정, 직장에 대한 수백 가지 연구는 어떤 과제가 중요한 이유를 설명한 뒤 과제를 할 때 개인적 자유를 보장하는 것이 보상이나 처벌보다 동기부여에 훨씬 효과적이라는 것을 발견했다. 아이들의 자기 동기부여를 돕기 위한 최선의 선택지는 아이가 자신 있어 하고 맡고 싶은 것이 무엇인지 질문하는 방식으로 통제권을 건네는 것이다.

다음은 유능성이다. 유능성에는 꽤 많은 오해가 있다. 많은 부모는 자녀가 수학이나 축구를 잘하게 되면 내재적 동기도 유발될 것이라고 생각한다. 즉, 좁은 의미의 유능성에만 초점을 맞춘다. 이런 부모들은 잔소리와 계획 관리로 성과에 지나치게 집중하는데, 이 경우는 다른 두 욕구, 즉 자율성과 관련성의 발달을 저해한다. 자기결정 이론은 다리가 3개인 의자인 셈이다. 다리 셋 중 하나만 지나치게 긴 의자는 쓸 수 없다.

물론 유능성은 중요하다. 잘 못하는 일을 계속 하고 싶어 하는 사람은 없다. 하지만 유능성은 탁월함이 아니라, 상황을 다룰 수 있다는 느낌이다. "내가 최고야!"라며 트로피를 선반에 놓아두는 것이 아니라, 의식적인 유능을 느끼는 일이라는 뜻이다. 즉, 성과의 외적 지표가 아닌 '내적 지표'이다. 아이의 유능성 발달은 부모의 지원에 달려 있다. "과학 공부를 정말 열심히 하더구나. 시험에서 좋은 점수를 받지는 못했지만 정말 자랑스러워."

마지막으로 유대감은 타인과 연결되어 있고 관심받고 있다는 느낌을 말한다. 아이가 교사와 연결되어 있다고 느낄 때 아이는 그 과목을 열심히 공부하고 싶어 한다. 네드는 그가 코칭하는 학생들에게 지난해에 어떤 수업을 가장 좋아했냐고 물은 뒤 "그 과목이 좋았던 거니, 아니면 선생님이 좋았던 거니?"라고 다시 물어본다. 절반 이상의 학생들이 "선생님이요. 선생님이 너무 좋았어요"라고 대답한다. 마찬가지로 부모의 무조건적인 사랑은 아이와 부모를 연결해준다. 아이가 스스로 '우리 부모님은 내 점수보다 나에게 더 신경을 쓰시지'라고 생각하면 아이는 부모의 가치관을 내면화할 가능성이 크다. 자기결정 이론에서는 이것을 '통합 조절(intergrated regulation)'이라고 하는데, 자신을 무조건적으로 사랑해주는 사람들의 가치관과 목표에 동조하는 현상을 뜻한다.

교육과 성실의 가치를 믿고 아이도 그렇기를 바란다면, 아이가 형편없는 성적을 받더라도 아이를 꾸짖어서는 안 된다. 그런 방법은 역효과를 낼 뿐이다. 조건적인 사랑을 암시하기 때문이다. 성적 스트레스가 가장 큰 사람은 부모가 아니라 아이다. 그러니 아이에게 공감해주어야 한다. "엄마는 네가 공부를 열심히 했다는 거 알아. 네가 원한다면 다음 시험을 위해 필요한 것들에 관해 이야기를 나눠도 좋아." 이런 반응은 공감을 바탕으로 더 나은 결과를 얻는 방법이 있음을, 즉 유능성을 상기한다. 그리고 '네가 원한다면'이라는 전제 덕에 아이들은 자신에게 자율성이 있단 걸 안다.

도파민 - '앞으로 나아가도록' 만드는 보조제

뇌과학은 심리학자들이 1970년대부터 제기한 동기부여론의 근거를 제시한다. 1장에서 이야기했듯이, 두뇌의 보상 시스템은 도파민을 연료로 삼는다. 도파민은 두뇌를 활성화하고 두뇌에 동력을 공급한다. 근사한 일이 일어날 때, 특히 근사한 일을 기대할 때 도파민이 솟구친다. 우리는 아이들이 도파민 급증 상태를 경험하길 바란다. 어떤 일이 지루하다고 느낄 때는 보통 전두엽피질의 도파민 수치가 대단히 낮아서 동기가 없어진다. 이를테면 숙제할 때가 그렇다.

우리는 오랫동안 할 일을 미루는 아이들을 봐왔다. 사반나의 부모는 사반나를 세상에서 일을 미루는 데 가장 재능 있는 아이라고 표현했다. "사반나는 숙제로 사람을 미치게 만들어요." 그들이 말했다. "숙제를 끝내면 재미있는 일을 할 수 있지 않느냐고 아무리 말을 해도 계속 미루죠. 아이가 할 수 있단 걸 알아서 더 짜증이 나요. 사반나는 하지 않기로 '선택'하는 거예요. 지난밤만 해도 그래요. 그 애 오빠는 7시 30분에 숙제를 끝냈는데 사반나는 그때까지 숙제를 시작도 안 했어요. 오빠가 아이스크림을 먹으러 가고 싶다고 해서 사반나에게 배스킨라빈스에 갈 건데 숙제를 끝내면 데리고 가겠다고 했죠. 사반나는 8시에 숙제를 끝냈어요. 숙제는 30분도 안 걸렸던 거예요."

숙제는 사반나의 도파민을 생성해내지 못한다. 아이스크림 생각에 이르러야 도파민 수치가 급증하고, 흥미가 없던 과제에 집중해서 기록적인 시간에 끝낼 수 있도록 만들었을 뿐이다.

아이스크림이 단기적으로는 효과가 있을 것이다. 하지만 매일 밤 아이스크림을 먹으러 나갈 수는 없다. 그뿐 아니라 우리가 이미 이야기했듯이, 보상은 내적 동기부여에 역효과를 초래한다. 그렇다면 어떻게 해야 아이가 건전한 도파민 시스템을 발달시킬 수 있을까? 그 답은 놀라울 정도로 간단하다. 아이가 좋아하는 일을 더 열심히 하도록 격려하면 된다.

몰입 - 두뇌 발달을 이끄는 집중

1980년대 중반 이전까지 사람들은 두뇌가 바뀔 수 있다는 것을 깨닫지 못했다. 인간은 태어난 그대로 평생을 살 수밖에 없다고 생각했다. 인간에게 새로운 신경 경로를 구축할 능력이 있으며, 두뇌 발달에 주의를 집중하는 방법과 장소가 눈에 띄는 영향을 끼친다는 것은 비교적 최근에 알려졌다.

좋아하는 일을 하다가 도전할 만한 측면을 마주한 아이들은 소위 '몰입(flow)'에 들어가게 된다. 몰입은 주의를 쏟아 완전히 집중해 시간이 빠르게 흐르면서도 스트레스는 받지 않는 상태이다. 몰입 상태에 있을 때 두뇌는 도파민을 비롯한 특정 신경화학 물질의 수치가 급등한다. 이런 신경화학 물질들은 도핑 효과를 낸다. 몰입 상태에서는 보다 효과적인 사고가 가능하고 정보도 더 빨리 처리한다. 이런 식의 완전한 몰입을 위해서는 그 활동이 지루하지 않을 정도로 도전적이되 과한 스트레스를 받을 정도로 어렵지는 않아야 한다. 실력 차가 큰 상대와 테니스를 친다고 생각해보라. 실력 차가 너무 크다면 재미를 느낄 여지가 없다. 엇비슷한 상대와 경기할 때 몰입을 경험할 수 있다.

8세 아이가 몰입한 상태로 레고 성을 만드는 모습을 본 적이 있는가? 그 아이는 동기부여에 익숙해지는 중이다. 즉 고도로 집중된 주의와 연습, 노력과 강렬한 즐거움이 엮이도록 두뇌를 길들이는 중이다. 심각한 스트레스에의 노출이 어린 두뇌의 건강을 해치듯, 몰입의 반복은 동기부여와 집중에 익숙하게 만든다.

스포츠와 마찬가지로 정신적인 훈련도 단계적으로 진전된다. 8세에 레고 성을 만드는 아이는 4세 때 분장 놀이를 했을 것이다. 분장 놀이에는 강한 내적 동기가 관여한다. 아이는 그 놀이를 정말 하고 싶어하지만 그만큼의 주의력은 없다. 당장이라도 인형 놀이를 할 수 있기 때문이다. 나이가 들며 보다 도전적이고 구조화된 활동에 참여하면서 동기와 집중력이 강화된다. 몰입을 경험하는 것이다.

이런 과정은 8세 아이에게도 똑같이 적용된다. 학교 공부는 싫지만, 그림이나 악기 연주에는 열정을 보이는 15세에게도 마찬가지다. 아이가 반드시 집중해야 하는 일이라고 생각하는 것이 있는가? 그 일에 동기를 부여하는 유일한 방법은 그가 원하는 일에 시간을 보내도록 허용하는 것이다.

빌은 이런 일을 직접 겪기도 했다. 고등학교 때 그는 성적에 별 관심이 없는 학생이었다. 그러다가 중학생 때 로큰롤에 관심을 가졌고, 고등학생 때는 밴드가 인생에서 가장 중요해졌다. 그는 매일 밤 화성학을 공부하고 악기와 노래를 연습했다. 음악에 대한 열정과 욕구가 이 모든 일을 추동했다. 그는 저녁 7시에 자신의 연습실에 들어가면서 8시 15분까지 연습하고 숙제를 해야겠다고 생각하곤 했다. 하지만 정신을 차리고 시계를 보았을 때는 보통 10시에 가까워져 있었다. 몰입했기 때문이다. 나중에 깨달았지만, 그는 10대 때 몰입에 매우 익숙해졌고, 그 덕에 공부를 제대로 하겠다고 마음먹었을 때 전력투구할 수 있었다.

부모의 뇌와 10대의 뇌는 전혀 다르다

성적으로 잔소리하는 아버지에게 13세 아이가 한 말이다. 내가 무척 좋아하는 말이기도 하다. "우리 아빠는 제가 아는 가장 똑똑한 사람이에요. 하지만 제 뇌는 중년의 뇌랑 달라요."

부모는 아이들이 일하는 방식에 짜증을 내고 그들이 자신과 다르다는 것을, 자신과 13세 아이의 방식이 다르다는 것을 이해하지 못한다. 네드가 코칭하는 그랜트라는 학생이 있었다. 그랜트의 어머니는 집에서 거의 한 시간 거리에 있는 학교에 매일 차로 데려다주었다. 그랜트는 아주 똑똑했다. 호기심도 많고 영리하고 토론에도 능했다. 그러나 일을 미루는 데도 뛰어났다. 그는 모든 일을 마지막 순간에 처리했는데 심지어 숙제를 등교하는 차 안에서 휴대폰으로 처리했다. 이것이 엄마를 미치게 했다. 그는 늘 촉박하게 일을 처리했다.

"숙제를 미리 시작해서 매일 조금씩 하면 훨씬 더 쉽게 끝낼 수 있잖아요." 그의 어머니는 한탄했다. 네드는 부드럽게 말했다. "그러는 편이 더 쉽겠죠. 어머니께는요. 지금 저희는 10대 남자아이에 대해 이야기하고 있죠? 그의 두뇌는 성인의 것과 다릅니다. 그는 일을 해내려 하는 아이이고, 압박을 동력으로 자신을 잘 작동시키는 방법을 알고 있죠." 어머니가 말했다. "하지만 아이가 시간을 낭비하다 마지막에 서두르는 꼴을 보면 미칠 것 같아요." 그 말에 네드가 미소를 지으며 제안했다. "보고 있지 않으셔도 됩니다."

이 흔한 갈등의 부분적인 이유는 남성과 여성이 도파민을 처리하는 방식 때문이다. 여학생들은 보통 성적을 올리기 위한 동기부여가 일관적인 편이다. 이들은 기준이 높고 자신의 성과를 비판적으로 평가하는 경향이 있다. 그리고 부모님과 선생님을 기쁘게 하는 일에 관심이 많다. 공감 능력이 강하기 때문에 교사를 실망시키고 싶어 하지 않는다. 이런 여학생들의 도파민 수치는 일찍부터 높아지고 더 오래 머무르는 경향이 있다. 숙제를 이틀이나 먼저 끝내는 아이들도 있을 정도이다. 대부분의 여학생은 시간이 촉박하면 공황 상태에 빠져서 편도체가 활성화되기 때문에 효과적으로 일을 할 수 없다. 이에 반해 남학생들은 시간 압박과 스트레스를 받아야 일을 시작하는 편이다.

여학생들은 시간이 흘러 대부분 엄마가 된다. 이런 엄마가 아들을 낳으면 숙제도 봐주게 된다. 그렇다면 결과는 어떨까? 여기서 전쟁이 벌어진다. 우리는 이 전쟁을 '도파민 전쟁'이라고 부른다.

성별도 한 요소이지만 동기부여는 ADHD, 불안, 우울증이 있는 아이들에게서도 대단히 다른 기능을 한다. ADHD 아이들은 여느 아이들과 도파민 수치가 다르다. 따라서 그들은 어떤 형태가 되었든 시작을 위해 강한 발화장치가 필요하다. ADHD 자녀를 둔 부모라면 아이들이 과제에 집중하고 완수하는 데 도움을 줄 수 있는 약물과 장려책, 운동에 대해 11장에서 더 자세히 다룰 것이니 안심해도 좋다.

마지막으로, 어떤 아이에게 동기가 되는 방법이 다른 아이에게 통하지 않을 수 있다는 점을 유념해야 한다. 어떤 아이들은 긴밀한 인간

관계를 맺거나 사람들을 돕고자 할 때 큰 자극을 받는 반면, 높은 수준의 성과를 낼 때 활력을 얻는 아이도 있고, 새로운 것을 배울 때 동기가 부여되는 아이도 있다. 심지어 같은 행동에도 이유가 다를 수 있다. 자극과 승리의 전율보다는 친구들과 함께 즐길 수 있기에 게임이나 스포츠를 좋아하는 아이도 많다. 이런 차이에 주의를 기울여야 자녀가 스스로에게 동기를 부여하는 것, 자신들에게 정말로 중요한 것이 무엇인지 파악할 수 있다.

이런 이해가 있어야 명문 고등학교 입학 기회를 버리고 다른 친구들과 동네의 공립학교에 가기로 하는, 어른의 입장에서는 무분별해 보이는 아이의 결정을 납득할 수 있다.

우리가 아는 한 학생은 명문 고등학교를 그만두기로 했다. 상담사가 숙제할 시간을 더 확보하려면 그녀가 좋아하는 활동을 포기해야 한다고 이야기했기 때문이었다. '난 겨우 15살이야.' 그녀는 생각했다. '내가 벌써 좋아하는 일까지 포기해야 할까?' 그녀는 학교를 옮기고 뛰어난 성적으로 졸업했으며 지금은 대학 생활을 잘해나가고 있다. 명문대는 아니지만, 그녀가 원해서 선택한 학교였다. 그녀는 엄격한 학문적 기준에서는 동기를 부여받지 못했지만, 스스로가 원하는 것을 일찍 파악할 수 있을 만큼 영리했다.

자기파괴자부터 완벽주의자까지, 동기부여의 문제들

우리는 동기부여의 스펙트럼에서 극단에 있는 아이들을 본다. 한 쪽은 대단한 완벽주의여서 성공에 매달려 스스로 과몰입한다. 다른 극단에는 어떤 것에도 관심이 없어 보이는, 혹은 자신에게 무엇이 최선인지를 알면서도 반대로 행동하는 아이들이 있다.

이처럼 양극단에 있는 아이들은 공통적으로 낮은 삶의 통제감 때문에 고통받는다. 하지만 그들에게 적합한 접근법은 크게 다르다. 여기에 가장 흔하게 접하는 동기부여의 문제 4가지와 그 문제의 해결 방법들을 소개한다.

자기파괴자 - "우리 아이는 자신에게 필요한 걸 아는데도 전혀 동기부여가 되지 않아요. 일부러 자신을 파괴하는 것 같아요."

우리는 자기파괴자라고 부를 만한 아이들을 많이 보았다. 이들은 어떤 일을 잘하고 싶은 마음은 있을지 몰라도, 그 일을 잘하기 위해 필요한 만큼의 시간을 쏟지 못한다.

이런 아이에게는 당장 중요하지 않은 일들이 장기적으로 중요할 수 있다는 점을 깨닫게 도와줘야 한다. 부모들은 아이에 대한 단편적인 일들을 바탕으로 나름의 결론을 도출해보려고 노력하다가 우리를 찾아온다. 우리도 그것이 쉽지 않다는 것을 안다. 아이의 최대 관심사가 친구들과 사귀는 것이라면 그 관심을 좇도록 격려하고, 그것이 언젠가 직업적으로 도움이 될 수 있다는 것을 이해하도록 도와야 한다. 대인관계에 관심이 있다면 교사, 심리학자, 협상가, 법률가, 영업관리자로서 만족스러운 커리어를 쌓을 수도 있다. 하지만 대인 기술에 중점을 두는 대부분의 직업이 최소한 학사학위를 필요로 하고, 보통 석사까지도 요구한다는 것도 이야기해준다. 따라서 의미 있는 방식으로 살기 위해서 타인과 상호작용을 하고자 한다면 배움의 능력을 발달시키기 위해 노력하는 법도 배워야만 한다고 말해주는 것이다.

또 아이들이 하고 싶은 일과 원하는 일의 차이를 알 수 있도록 도와야 한다. 예컨대 빌은 아이들에게 부모가 되는 일에 대해서 생각해보라고 한다. 빌은 딸이 아기였을 때 한밤중에 울면 젖을 먹을 수 있게 아내에게 데려다줘야 했다. 자다가 침대에서 일어나는 것은 너무 싫었지만, 그는 그 일을 원했다. 아기가 울지 않고, 그의 아내가 다시 잠자리에 들 수 있는 게 더욱 중요했기 때문이다.

이런 논리를 이용해서 우리는 아이들이 이렇게 말하게 되도록 돕는다. “하고 싶지는 않지만 나는 이 일을 하기를 원해. 나와 내 미래에 중요하니까.” 그러면 아이들은 스스로 “나는 이 일을 하기를 원해”라는 말의 힘을 깨닫는다.

성공한 코치나 생산성 전문가들이 하나같이 하는 이야기가 있다. 스스로 선택한 목표를 달성한 모습을 상상할 수 있다면, 그 상상이 두뇌를 속여서 그 일을 해낸 것처럼 생각하게 한다고 말이다. 목표를 적는 것도 마찬가지다. 목표를 적으면 강력한 강화 작용이 일어난다. 이때 목표가 온전히 자신의 것임이 명확해진다. 목표를 적으면 타인의 요구나 압력에 따른 편도체 작용이 아니라, 자기주도적인 전두엽피질이 작용한다. 또 장기적인 관점이 필요함을 상기시켜준다.

아이가 올림픽에 출전하는 선수이고, 금메달 4개를 따고 싶다는 목표를 적어서 방에 붙여두었다고 상상해보라. 그녀는 배가 고파서 피자를 먹고 싶을 때 자신의 목표를 보고 기름진 피자 대신 닭고기와 채소로 구성된 건강식을 먹을 것이다. 그러나 평범한 10대 아이에게는 가급적 달성할 수 있고 바로 동기부여가 되는 목표가 필요하다. 물론 요점은 같다. 우리는 아이들에게 목표를 적어서 자주 보게 되는 가방에 넣거나 침실 벽에 붙여놓으라고 말한다. 네드가 맡았던 한 학생은 조지타운대학에 편입하는 것이 목표였다. 그는 자신을 일깨우기 위해 늘 조지타운대학의 점퍼를 입었다.

자기파괴형 자녀가 관심 분야에서 자제력을 키우도록 도와야 한다. 예를 들어 아이가 야구를 좋아하지만, 밖에 나가서 규칙적으로 연습하지는 않는다면 이렇게 말하는 것이 좋다. "누가 같이만 해준다면 몇 시간이고 야구 연습을 하겠지? 그럼 고등학교 선수나, 아니면 친구와 연습 시간을 맞춰볼까?" 아이는 좋아하는 일을 하며 몰입력과 집중력을 높이고, 점점 다른 일에도 역량을 발휘할 수 있게 될 것이다.

대부분의 자기파괴형 아이들의 경우에는 이런 방법으로 충분치 않다는 점을 우리도 알고 있다. 자기파괴 유형에 속하는 대부분의 아이들에게는 도파민 결핍의 문제가 있고, 목표를 시각화하는 것만으로는 그들의 두뇌를 깨울 수 없다. 아이가 숙제하는 데 극단적인 반감이 있다면 ADHD, 불안, 수면장애, 학습장애가 있는지 점검하고, 그런 요소를 제거하기를 권한다. 다음으로 자기파괴형 아이를 위한 전략 몇 가지를 소개한다.

- 잦은 운동 짧은 운동만으로도 두뇌를 활성화해 어떤 일을 시작할 수 있다. 전두엽피질의 도파민 수치가 높아지기 때문이다.
- 사회적 지원 숙제 코치 역할을 해줄 선배를 구하거나, 성적이 조금 나은 또래들로 구성된 스터디 그룹에 참여하면 집중력을 높이는 데 도움이 된다. 청소년의 경우 또래의 지원을 적극적으로 장려한다. 10대들은 발달 과정상 동질 집단에 동조한다. 여러 연구 결과를 봐도 성인보다는 친구들에게서 공부를 배울 때 학습 효과가 더 높으며, 선배가 숙제 코치를 해줄 때 도파민 수치가 급등했다. 또 이 방법이 좋은 이유는 부모가 통제 성향이 크거나, 실제로는 그렇지 않더라도 아이가 그렇게 인식하는 경우에 자기파괴적 본능이 발동할 수 있기 때문이다.
- 자극 일부 자기파괴형 아이들에게는 음악이 도움 될 수 있다. 음악은 백색소음의 역할을 해서 집중력 저해 요소들을 차단한다. 하지만 조용한 것이 나은 아이들도 있다. 어느 편이 아이에게 맞는지 실험해봐야 한다. 껌을 씹을 때 두뇌가 활성화하고, 속도가 높아지고, 생산성이 높아진다는 연구 결과도 있다.
- 건강 뻔한 이야기이지만, 단백질이 풍부하면서도 건강한 식단과 충분한 휴식은 필수이다.
- 순환식 학습 자기파괴형 아이들은 타이머를 맞추어두고 단기간에 집중한 뒤, 적절히 휴식할 때 더 좋은 성과를 내곤 한다. 강의

나 책의 시작과 끝 부분은 잘 기억나지만, 중간 부분은 헤매기 마련이다. 따라서 과목 사이사이에 휴식 시간을 두면서 과학 20분, 스페인어 20분, 사회 20분으로 순환하는 편이 각 과목을 40분씩 공부하는 것보다 좋다. 시작과 끝의 횟수를 늘리면 두뇌가 주의를 기울일 수 있고 동기부여에도 더 좋다.

- 장려책 외적 장려책은 내적 동기부여에 좋지 않다고 이야기했다. 하지만 가끔은 괜찮다. 단, 아이에게 도파민 수치를 높여 두뇌를 활성화해 달성하지 못했던 일을 하도록 하겠다는 목표를 충분히 이해시켜야 한다. 6살 정도의 어린아이라면 이렇게 말할 수 있을 것이다. "엄마가 보기에 네 뇌는 약간의 상이 있어야 깨어나는 것 같아." 장려책은 약간의 창의성을 발휘할 때도 도움이 된다. 아이스크림 없이는 숙제를 안 하던 사반나를 기억하는가? 그녀의 부모라면 다음날 밤에 이렇게 말할 것이다. "사반나, 단어 시험공부를 스스로 하기로 마음먹기가 쉽지 않지? 네가 괜찮으면 일을 시작하는 데 도움을 주고 싶어. 쪽지 시험을 보면 어떨까? 20개 단어 중에 17개 이상을 맞추지 못하면 네가 팔굽혀펴기를 20번 하고, 17개 이상을 맞추면 내가 팔굽혀펴기를 10번 하기로 하자."

열성가 - "우리 아이는 의욕이 충만해요. 다만 학교에 대해서만은 그렇지가 않아요."

빌은 공예, 음악, 스포츠 등에는 동기부여가 무척 잘 되지만 학습에 관한 의욕은 상대적으로 낮은 수백 명의 아이들을 만났다. 아이들이 정말로 좋아하고 매달리는 어떤 일이 있는 한 걱정할 필요가 없다. 그들은 두뇌를 개발하는 중이고 이것이 결국 그들을 성공으로 이끌 것이다. 빌은 아이들에게 이렇게 말한다. "너에게 중요한 어떤 일에 최선을 다하는 것은 네 두뇌를 개발하는 가장 좋은 방법이다." 단, 여기에서 컴퓨터 게임만은 예외이다. 기술이 두뇌 발달에 미치는 영향에 대해서는 9장에서 보다 자세히 논의할 것이다. 또 그는 아이들에게 완벽한 몰두를 학교생활과 연관시킬 수 있다면 좋겠다고 말해주고 그들에게 그런 능력이 있음을 확신한다고 이야기해준다.

고등학교 2학년인 세바스찬이 빌의 사무실을 찾았을 때의 이야기이다. 세바스찬은 공부를 많이 시키기로 유명한 도시 근교의 고등학교에 다녔는데 과제를 전혀 하지 않아서 내신 점수가 아주 낮다고 했다. 그는 내신 때문에 입시에 큰 제약이 있을 거라고 생각했다. 자신은 대학에 들어갈 수 없을 것이고 결국 저임금 노동을 하게 될 것이라고 했다. 이런 동시에 그는 지역 구조대에서 열성적으로 활동하면서 목요일과 토요일 야간에는 잠도 자지 않고 응급 상황의 사람들을 도왔다.

빌은 그에게 학교를 그만두는 것에 대해서 생각해본 적이 있는지 물었다. 그러자 세바스찬이 물었다. "왜 그런 말씀을 하시는 거예요?" 빌이 말했다. "시간 낭비 같아서. 네가 신경도 쓰지 않은 일에 하루의 1/4이나 되는 6시간에 에너지까지 쏟잖아." 빌은 말을 이었다. "구조대 일을 전업으로 해보는 것은 어때?" 그는 세바스찬에게 학교생활이 인생의 전부가 아니라고 말해주었다. 고등학교 때는 전 과목 모두 낙제한 아이들도 공부하기로 마음만 먹는다면 대학에 갈 수 있고, 30학점 정도만 따면 고등학교 성적이 없어도 어떤 대학이든 지원할 수 있다는 이야기도 해주었다. 두 사람은 세바스찬에게 어떤 길이 최선일지 생각해본 뒤에 다시 이야기를 나누기로 했다.

이후 세바스찬의 부모님을 만났을 때 빌은 약간 긴장했다. 특히 두 사람 모두 대학교수라는 것을 알고 나니 더 긴장되었다. 하지만 놀랍게도 그들은 빌을 만나자마자 세바스찬에게 솔직한 이야기를 해주어서 고맙다는 인사부터 건넸다. 빌과 만난 후 세바스찬은 한동안 볼 수 없었던 긍정적인 모습을 보여주었다고 한다. 세바스찬이 지역 전문대학을 거쳐 워싱턴 D.C. 내에 있는 명문대 중 한 곳에서 소방학 학위를 따겠다는 새로운 계획을 세웠다고도 했다.

이후 빌은 세바스찬이 스스로 자퇴가 가능한지 알아보았다는 이야기를 전해 들었다. 하지만 세바스찬은 자퇴할 경우 구조대에 참여할 수 없다는 것을 알게 되었고, 학교생활을 잘 해내기 시작했다. 그는 공부를 본격적으로 시작했고 목요일 밤의 구조대 활동도 포기했다. 또 학교를 다른 시각으로 보게 되었다. 2달 후 세바스찬의 어머니가 빌에게 아들의 내신 성적이 크게 올랐다는 소식을 알렸다.

이 이야기는 결국 해피엔딩이기는 하지만, 세바스찬 같은 아이를 키우고 있다면 어떤 일을 할 수 있을까 하는 의문을 지우기 어렵다. 아이가 학교생활에 전혀 의욕을 느끼지 못할 경우, 우선 다른 문제가 있는지 확인하기 위해서 학습장애, 불안장애, ADHD가 없는지 검사를 받는 것이 좋다. 검사 결과 이상이 없다면 그를 존중하되 현실을 정확히 알려야 한다. 부모가 문제를 진지하게 생각한다고 느끼면 아이들도 놀랄 만큼 진지하게 귀를 기울일 것이다. 아이가 체육 특기자로 입학하고 싶어 한다면 어떤 방법을 택할 것인지 질문하라. 함께 컴퓨터 앞에 앉아서 입학 조건과 합격자 통계를 조사하는 것도 좋다. 아이가 자신의 목표를 이루기 위해 해야 할 일들을 탐색하도록 돕는다.

고등학생 자녀가 다른 일 때문에 공부 시간이 부족해 보인다면 다른 일을 제한하고 싶기 마련이다. 하지만 그런 방법은 최악이다. 오히려 공부 이외의 관심사를 좇도록 지원할 때 다시금 공부에 매진하게 될 가능성이 더 크다.

다른 활동을 방치할 때, 우선순위를 잘못 정하고 있는 것은 아닌가 걱정도 들 것이다. 물론 이런 사고에도 나름의 논리는 있다. 하지만 과학은 그 논리를 지지하지 않는다. 기억하라. 아이가 학교생활에 의욕이 없다면 아이가 학교 일을 더 잘하고자 원하게 만들 수 없다. 그들이 하는 다른 일을 막아봤자 문제가 해결되긴커녕 의욕만 꺾을 뿐이다.

당나귀 이요 - "우리 아이는 어떤 것에도 의욕을 느끼지 못해요. 자신이 무엇을 원하는지 모르는 것 같아요."

10대들이 '곰돌이 푸'에 등장하는 무기력한 당나귀 '이요'처럼, 의욕이 없는 시간을 보내는 모습은 흔하다. 하지만 그 시간이 2~3주 계속되거나 갑작스럽다면 뭔가 이유가 있을지도 모른다. 혹시 의학적 진단이 필요한지도 살펴야 한다.

다른 심각한 문제가 아니라면, 이요에게 봉사활동을 권하거나 TV와 컴퓨터 게임 시간을 카드로 협상해본다. 또는 좋아할 만한 일을 같이 해봐도 좋다. 하지만 부모가 할 수 있는 가장 중요한 일은 아이가 분명히 좋아하는 일을 찾을 수 있으리라는 신뢰를 표현하는 것이다. 받아들이기가 쉽지는 않겠지만, 부모가 대신 열정을 찾아줄 수 없다는 점을 기억해야 한다.

자기 인식의 중요성도 강조해야 한다. 자신이 무얼 원하는지 자문해보거나, 그 질문을 받아본 적이 없는 아이들이 충격적일 정도로 많다. 타인의 기분을 맞추거나, 반항하느라 너무 바빴던 것이다. 하지만 그들에게는 그 시간이 꼭 필요하다. 자신의 특별한 재능과 삶의 목표에 대해서 고민해보아야 한다. 스스로 "내가 원하는 것은, 좋아하는 일은 무엇인가?"라는 질문을 해야만 한다. 이 질문의 답은 아이 자신만 찾을 수 있다.

이요들은 자신의 천부적인 재능을 놓치는 경우가 많다. '이런 건 누구라도 할 수 있어.' 그들은 이런 잘못된 생각을 한다. 그들은 자신의 재능을 몰라보고 특출한 재능을 지닌 타인에게만 초점을 맞춘다.

명확한 장점이 없다고 느끼는 아이들은 '남들만큼 잘할 수 있는 것은 무엇일까?' 자문해보아야 한다. 이 질문은 다음 질문으로 이어진다. '나의 목표는 무엇일까? 내게 어떤 도움이 필요할까?' 아이들은 관심, 재능, 자기 인식의 교차점에서 삶의 방향감각을 찾을 수 있다. 이때 찾은 것이 최종적인 관심 분야가 아닐 수도 있지만, 이 과정 자체가 의미 있다.

빌은 언어 학습장애를 가지고 있던 레테를 5살 때부터 대학 2학년 때까지 치료했다. 레테가 14살 때 그녀의 어머니는 레테가 주어진 일은 잘 처리하지만, 스스로 하고 싶은 게 없는 것 같다고 걱정했다. 빌은 가끔 아이에게 관심 있을 만한 것을 제안할 수는 있지만, 타인이 강요할 수는 없다고 말했다. 이런 관심은 기대하지 않던 방식으로 싹트기도 한다.

6개월 후 레테의 어머니를 다시 만나게 되었을 때 그녀는 이렇게 말했다. "레테는 '워싱턴 동물구조연맹'에 참여하고 있어요. 그 일을 대단히 좋아하는 것 같아요." 희망이 없는 것 같은 상황에서도 새로운 기회가 생기곤 한다. 삶은 변한다.

레테는 고등학교 2학년 때 유치원에서 인턴으로 근무했고, 동물구조에 쏟았던 헌신과 몰두를 유아교육에도 적용할 수 있다는 것을 발견했다. 이후 레테는 아동발달과 유치원교육 분야를 의욕적으로 공부했다. 그녀는 최근 유아교육 학위를 받고 대학을 졸업했으며, 유아 보육교사로서의 첫 사회생활을 즐겁게 하고 있다.

많은 이요들이 새로운 일을 꺼리며 좁은 안전지대에 머물려 한다. 그들은 활동적인 과제에 참여하기보다는 책을 읽거나, 혼자 놀거나, 비디오게임을 좋아하며, 대부분 낯선 사회적 상황에 참여하기를 꺼린다.

이요에게 잔소리를 참기란 대단히 힘들다. 그러나 잔소리는 화풀이밖에 안 된다. 이요는 보통 융통성이 부족하고 자신감이 없으며, 이는 새로운 시도에 대한 불안으로 이어진다. 또한 이런 아이들은 사교적 능력이 부족하기 때문에 사회적 요구에 대해서 불안감을 가지기도 한다.

이요를 도울 때에는 복합적인 접근법이 필요하다.

- 차분함을 유지하고 아이와 긴밀한 유대감을 유지하는 데 초점을 맞춘다. 잦은 잔소리는 유대감을 해칠 뿐이다. 평생 관심사가 별로 없고 인간 관계의 폭이 좁아도 충분히 행복한 삶일 수 있단 걸 기억하라.
- 새로운 환경에서 좀 더 편안함을 느끼고 싶은지, 초조함을 덜 느끼고 싶은지 아이에게 물어보라. 아이가 그렇다고 답한다면 새로운 도전을 보다 자신감 있게 받아들일 수 있게끔 전문가와의 상담을 제안할 수 있다.
- 아이에게 새로운 일을 알려주고 싶지만, 잔소리는 하고 싶지 않다고 이야기하고 어떻게 해주면 좋을지 물어보라. 아이가 도전적이었으면 하는 부모의 마음과, 익숙한 환경에 안주하려는 아이의 욕구 사이에서 합리적인 타협안을 찾아라.
- 신체적 활동은 모든 종류의 아이에게 동기부여가 될 수 있다. 펜싱, 암벽 등반, 유도 같은 개인 스포츠에 관심이 있는지 알아보라. 필요하다면 단기적인 보상을 제공한다.

헤르미온느 - "우리 아이는 스스로 스트레스를 만들어요. 예일대 말고 다른 학교는 거들떠보지도 않아요."

어떤 아이들은 경쟁에 집착하거나 칭찬받는 일에 열중한다. '해리 포터'의 친구 '헤르미온느'가 그렇다. 이런 아이는 느끼는 압박감은 보통 부모나 교사에게서 비롯되지만, 아이들끼리 서로 불안과 경쟁심을 확산하기도 한다.

헤르미온느는 뛰어난 성과에 목메고 타인의 기대에 부응해야만 한다는 강박이 있다. 그 동기는 대개 두려움이다. 이 아이는 목표를 달성하지 못한 상황에서 불안을 느끼기 때문이다. 스탠포드대학의 전 총장이자 《헬리콥터 부모가 자녀를 망친다》의 저자 줄리 리스콧 헤임스는 “아이들은 삶의 통제감이 매우 낮으면 ‘실존적 불능(existentially impotent)’ 상태를 경험한다”라고 말했다.

부모가 압박하는 상황이라면 답은 간단하다. 압박을 멈추면 된다. 심지어 어떤 칭찬도 아이는 자신의 성과 때문이라고 생각할 수 있다. 이런 경우는 보통 커뮤니케이션 자체에 교정이 필요하다.

“네가 어떤 점수를 받는지, 어떤 대학에 가는지는 크게 중요치 않아”라고 말하는데도 아이가 불안해한다면 문제는 좀 더 복잡해진다.

입시에 열중하는 만큼 스트레스가 많은 학생들을 대상으로 스트레스와 수면 부족이 두뇌 발달에 미치는 영향에 대해 강연을 했다. 학생들은 정중한 태도를 보였고, 메모했고, 좋은 질문을 했다. 만성적으로 피곤과 스트레스를 경험하지 않을 때 궁극적으로는 더 성공적일 수 있다는 생각에 공감하는 것처럼 보였다. 하지만 강연이 끝나자 교사가 우리에게 이렇게 말했다. “이 아이들은 예일이 아니면 맥도날드에서 일할 거라고 생각해요.” 워싱턴 명문 사립학교의 교사에게 들은 이야기와 매우 비슷했다. 당시 막 고등학생이 된 아이들이 명문대에 들어가지 못할까 봐 모두 겁에 질려 있다는 이야기였다.

성취의 외적 징후에 목매는 아이에게 어떻게 내적 동기를 부여할 수 있을까? 가장 먼저 두려움과 불안이 덜한 상태로 공부하는 데 도움되는 정보를 듣고 싶은지 아이에게 물어본다. 아이가 원한다고 하면 대학이 인생의 성공에 큰 차이를 만들지는 않는다고 말해준다. 단, 이 유형의 아이들에게는 반드시 증거를 제시해야 한다.

스테이시 데일과 앨런 크루거는 고등학교 동문의 수십 년에 걸친 직장생활 궤적을 추적했다. 비슷한 SAT 점수를 받은 경우, 명문 대학 입학 여부가 잠재 수입에 거의 영향을 미치지 않았다. 갤럽과 퍼듀 대학의 또 다른 연구는 학생들이 다니는 대학이 국공립, 사립, 명문, 비명문인지가 행복에 거의 영향을 주지 않는다는 것을 보여준다. 행복을 예측하는 가장 정확한 요소는 대학 경험보다 배움에 더 본질적인 것들이었다.

- 학생들에게 관심을 보이고, 학습의 흥미를 유발하는 교수
- 배운 것을 적용해볼 수 있는 인턴 과정, 프로그램
- 완료에 한 학기 이상이 걸리는 프로젝트에의 참가

2013년 퓨 리서치센터에서 수행한 한 연구는 국공립대학과 사립대학 졸업생들이 가정생활과 개인 재정은 물론 직업 만족도를 비롯해 삶 전반에 비슷한 만족도를 느낀다는 것을 발견했다. 이런 연구들은 똑똑하고 의욕적이기만 하다면 어느 대학이냐는 큰 문제가 되지 않는다는 것을 방증한다.

'큰 물고기 작은 연못 효과'를 들려줘도 좋다. 허버트 마시가 개발한 이 이론의 핵심은 또래 집단에서 좋은 성과를 낼 때 자신감을 가지게 된다는 것이다. 적당한 학교에서 뛰어난 학생이 되는 것이 명문대에서 그저 그런 학생이 되는 것보다 나을 수 있다는 말이다. 말콤 글래드웰은 그의 책《다윗과 골리앗》에서 브라운대학의 과학 전공생 이야기를 한다. 그녀는 브라운대학에서 많은 수재들과 경쟁하며 의기소침해졌고, 과학에 대한 흥미를 잃어버렸다. 다른 학교였다면 자신의 재능을 펼칠 기회가 더 많았을지도 모른다. 글래드웰은 이렇게 말한다.

"명문대가 정말 최선인지 깊이 생각해보는 경우는 거의 없다."

한 번의 실패로 모든 기회의 문이 닫히지 않는다는 걸 가르쳐줘야 한다. 최악의 시나리오도 자신을 완전히 망치지는 않는다는 걸 알면 위험을 감수하며 도전할 수 있게 된다. 괴물에게 쫓기는 듯한 불안감 대신 자신감을 가지면, 더 성공적으로 살아갈 수 있다는 말이다.

빌은 자녀들이 초등학교에 다닐 때 학교 성적과 인생의 성공에는 큰 상관관계가 없다는 것을 강조했다. 그는 성적표보다 인간적 성장에 훨씬 더 관심이 있다고 말했다. 빌의 딸이 고등학교 2학년이던 어느 날, 그녀는 청소년기 두뇌에 대한 빌의 강의를 들으러 왔었다. 집으로 오는 길에 딸이 물었다. "정말로 고등학교 성적이 성공에 중요하지 않다고 생각하세요? 아닐 것 같은데요."

빌은 왜 그렇게 생각하느냐고 물었다. 그녀는 학교 선생님이나 주변 사람들이 성적의 중요성을 항상 이야기하기 때문이라고 답했다. 빌은 상당한 연구 결과가 자기 주장을 뒷받침한다고 말했고, 딸이 어떤 과목에서든 C 학점을 받으면 100달러를 주겠다고 제안했다. C 학점을 받아도 세상이 끝나지 않고, 미래에 대한 선택권은 충분히 열려 있으며, 여전히 의미 있는 삶을 살 수 있다는 점을 증명하기 위해서였다. 이후 그녀는 이 문제에 의심을 품지 않았다.

네드는 만나는 모든 헤르미온느에게 이렇게 말한다. "너는 이 일을 할 만큼 충분히 똑똑해. 문제는 그것이 너에게 장기적으로 도움이 될지, 또 너의 가치관에 부합하는가 하는 것이지." 어린 시절에 가장 중요한 일은 두뇌를 그들이 원하는 모습으로 개발하는 것이다. 평생 스트레스와 피로에 절어서 걸핏하면 불안과 우울에 뒤덮이는 두뇌를 갖고 싶은가? 아니면 행복하고 회복력 있으면서도 효율적인 두뇌를 갖고 싶은가? 아이에게 자신의 가치관에 대해서, 또 자신에게 정말 중요한 것이 무엇인지 생각해보게 하고, 이런 생각이 자신을 옳은 방향으로 이끌고 있는지도 고려해보도록 조언한다.

이후에는 아이가 자기 가치관을 기반으로 목표를 설정하도록 돕는다. 통제할 수 있는 목표를 설정해야 행복해지기 때문이다. 목표 설정에 대해서는 10장에서 아이들의 성공을 돕는 정신적 전략을 논의하면서 보다 자세히 이야기할 것이다.

오늘 밤 할 일

- 아이가 자율성을 키우도록 뒷받침하기.
- 아이의 진정한 내적 동기 탐색해보기. 아이가 인생의 어느 때 '정말로 행복했는지' 질문하기.
- 아이가 인생에서 원하는 것이 무엇인지 이야기 나누기. 아이가 하고 싶은 일은 무엇인가? 아이가 잘한다고 생각하는 일은 무엇인가? 아이가 생각하는 존재 이유가 있다면 그것은 무엇일까?
- 아이에게 좋아하는 일을 하는 데 필요한 시간과 공간을 주어서 어떤 활동에든 몰입을 유도하기.
- 어려운 일 앞에서 도전을 즐기고 인내하는 모습을 보이고 가르친다. 아이들이 보여주는 긍정적인 동기 유발 자질을 짚어주고 칭찬한다("너 그 일을 포기하지 않고 열심히 하더구나").
- 아이에게 타인을 즐겁게 하는 일에 집착하지 말라고 가르친다. 아이가 외적인 피드백에 집중할 경우 이렇게 말해주는 것도 좋다. "어떤 일에 성공하고 타인으로부터 긍정적인 피드백을 받는 것은 누구나 좋아하는 일이야. 하지만 내 경험으로 보면 가장 현명한 일은 자신의 성과를 스스로 평가하고 옳은 일을 하는 데 있어서 더 진전하는 데 초점을 맞추는 거란다."
- 아이에게 열의가 없어 보인다면, 아이의 삶에 긍정적인 영향을 줄 많은 사람과 경험들이 있다는 것을 기억하라. 다른 분야에서 멘토나 롤모델을 찾아 아이를 다양한 직업과 선택에 노출시켜보라.

아무것도 안 하는 시간이 건강한 뇌를 만든다

인도의 오래된 경전 《베다》에는 "휴식은 모든 활동의 토대"라는 말이 있다. 휴식, 활동, 휴식, 활동. 우리가 하는 모든 일은 반복적 요소가 필요하다. 스포츠와 피트니스에서도 그렇다. 고강도 운동 사이에 짧은 휴식을 취하는 인터벌 트레이닝의 효과 대부분이 휴식기의 신체 회복에서 비롯된다. 두뇌 활동에서도 마찬가지다. 공상, 명상, 잠은 두뇌가 휴식을 취하고, 새로운 정보와 기술을 기억 속에 정리하며, 두뇌를 더 건강하게 만들어준다. 두뇌에는 40개 이상의 디폴트 모드 네트워크가 있다. 휴식을 취할 때 두뇌에 많은 부분이 활성화된다는 사실을 생각하면 휴식은 그 어떤 활동보다 중요할 수 있다. 우리는 두뇌의 이런 깊은 휴식을 '철저한 정지시간'이라고 부른다.

현재 우리는 휴식과 활동의 균형이 망가져 있다. 우리의 문화에서는 쉽게 평온을 찾기 어렵다. 최근 여러 연구에서 젊은 남성의 64%, 젊은 여성의 15%가 6분간 가만히 앉아서 생각하기보다는 약간의 전기 자극을 자진해서 선택했다. 우리는 쉬는 법을 잊었다. 10대와 성인은 물론 어린아이마저도 잠을 충분히 자지 않는다. 이는 두뇌에 과부하가 걸린 듯한 느낌을 유발한다.

정지시간에는 여러 형태가 있다. 분재나 독서같이 긴장을 완화하거나 활기를 되찾는 활동은 누구나 좋아한다. 하지만 삶의 속도가 빨라지면서 우리에게는 철저한 정지시간이 더 절실해졌다. 철저한 정지시간은 비디오게임을 하거나, TV를 보거나, 유튜브를 보는 시간을 의미하지 않는다. 철저한 정지시간은 의도적으로 아무것도 하지 않기 위한 고도의 집중력을 요구한다. 이것은 두뇌에 가장 효과적인 일 중 하나이다.

365일 24시간 돌아가는 기술과 다중 작업은 정신을 산만하고 멍하게 만든다. 철저한 정지시간은 이에 대한 해독제로 자극의 재고를 처리할 수 있는 수단이 된다. 일상의 활동들과 과제, 상호작용 등이 두뇌에 계속 쌓이는 눈송이라고 생각해보라. 감당할 수 없는 눈더미가 되어 길을 찾지 못하게 만든다고 말이다. 이때 철저한 정지시간은 눈더미를 헤치고 바닥을 평평하게 제설해 삶에 질서를 부여한다. 이 장에서 우리는 2가지 강력한 형태의 철저한 정지시간, 즉 공상과 명상에 대해서 자세히 살펴볼 것이다. 잠은 철저한 정지시간의 가장 큰 조각이다. 잠의 중요성은 7장에서 깊이 있게 다룰 것이다.

정지시간이 아이를 '생각하는 인간'으로 만들어준다

과학자들은 두뇌 연구를 시작한 이래로 두뇌가 어떤 과제에 몰두했을 때 혹은 외적 자극을 처리할 때 어떤 일을 하는지 탐색하는 데에만 집중해왔다. 그들은 최근에서야 나머지 시간에 두뇌가 무엇을 하는지 살피기 시작했다. 1990년대 중반, 신경과학자 마커스 라이클은 우리가 과제나 목표에 집중하고 있을 때 두뇌의 일정 부위들이 어두워진다는 것을 발견했다. 1997년 그와 워싱턴대학의 동료들이 모여 이 부위들을 분석하고 거기에 '디폴트 모드 네트워크'라는 이름을 붙였다. 2001년에 이르러서야 라이클은 무엇이 이 디폴트 모드 네트워크를 작동시키는지, 즉 무엇이 깨어 있으나 집중하지 못하는 두뇌를 만드는지에 대한 연구 결과를 발표할 수 있었다.

눈을 깜빡일 때마다 우리의 디폴트 모드 네트워크는 활성화되고, 우리의 의식 네트워크는 찰나의 휴식을 취한다. 눈을 감고 깊게 숨을 쉬는 것만으로도 두뇌의 생기를 되찾을 수 있다. 디폴트 모드 네트워크가 활성화되면 자신에 대해, 과거와 미래에 대해, 해결해야 할 문제들에 대해 생각하게 된다. 이 생각들은 자아의식을 발전시키는 데 필수적이다. 또 이 과정에서 타인의 감정을 고려하고, 공감력도 발달하게 된다. 이처럼 개인적 성찰에 관한 거의 모든 일이 일어나는 디폴트 모드 네트워크는 사람을 '생각하는 인간'으로 만들어준다.

디폴트 모드 네트워크는 생각을 정리하고 자신의 가치와 재능을 깨닫게 해준다. 친구와 입씨름을 했다고 생각해보자. 다툼 때문에 기분은 안 좋지만 바쁜 일들에 치여 다시 생각할 여력이 없다. 다음 날 아침에 샤워할 때가 되면 큰 문제가 아니었다고 생각한다. 오히려 친구가 왜 그렇게 이야기했는지 궁금해진다. 기분이 좋지 않았을지도 모르지, 하고 친구의 생각을 짐작해본다. 그 사건을 다시 떠올릴 때마다 그 문제가 점점 대단치 않다는 생각이 드는 것이다.

이때 사건을 떠올리려면 정지시간이 필요하다. 자신에게 정지시간을 허락하지 않으면 분노가 어떻게 변하게 될지 모르는 채 그 분노를 쌓아두게 된다. 두뇌는 쓰는 대로 개발된다. 그렇다면 자신과 타인에 대해서 생각하지 않고서 어떻게 자신과 타인을 이해할 수 있겠는가? 하지만 사건을 지나치게 반복 재생한다면 그것은 마음이 떠도는 것이 아니라 반추하는 것이다. 거기에는 큰 차이가 있다. 매일 '스트레스가 없는' 정지시간을 가져야만 한다.

의식이 있는 상태에서 몇 분의 정지시간이 주어지면 디폴트 모드 네트워크는 두뇌로 하여금 분석과 비교를 통해 문제를 해결하고 대안를 만들게 한다. 하지만 디폴트 모드 네트워크에 있어서 반드시 알아두어야 할 것이 있다. 디폴트 모드 네트워크는 어떤 과제에 집중했을 때는 활성화되지 않는다. 메리 헬렌 이모르디노-양은 두뇌 시스템을 두 상태로 보았다. 먼저 목표 중심의 과제에 참여할 때 활성화되는 '외면을 보는(looking out)' 과제-양성(task-positive) 상태. 다른 하나는 '내면을 보는(looking in)' 과제-음성(task-nagative) 혹은 휴식 상태이다. 주소지를 찾는 것에서부터 시험공부까지 집중이 필요한 외적 과제에 초점을 맞출 때면 두뇌에서 '내면을 보는' 공상 부분은 불이 꺼진다. 공상에 들어갈 때는 '외부를 보고' 분명한 과제를 하는 능력이 멈춘다.

현대사회에서는 일 자체에 커다란 의미를 부여한다. 하지만 연구는 휴식 상태 또한 얼마나 중요한지 증명한다. 전설적인 인지심리학자 제롬 싱어는 마음이 자유롭게 떠돌 수 있는 휴식 상태야말로 사실상 우리의 '기본(default)' 상태라고 이야기했다. 이후 싱어는 자신의 1966년 작《공상(Daydreaming and fantasy)》에서 공상, 상상, 환상은 건전한 삶의 필수 요소라고 했다. 이런 요소들에는 자기 인식, 창조적 사고, 사건과 상호작용의 의미에 대한 고찰, 타인의 관점 수용, 도덕적인 추론 등이 포함된다. 이 모든 것은 우리가 "아하!" 하며 깨닫는 순간을 뜻한다. 음악가이자 베스트셀러 작가인 신경과학자 대니얼 J. 레비틴은 통찰이 과제 집중 상태일 때보다 휴식 상태일 때 찾아온다고 강조한다. 연결되어 있다고 생각지 못한 것들을 연결하는 일은 모든 걸 내려놓고 쉴 때 이뤄진다. 이를 통해서 이전에는 풀 수 없는 것처럼 보였던 문제를 해결할 수 있다. 카를로 로벨리가《모든 순간의 물리학》에서 말했듯, 아인슈타인이 상대성이론의 돌파구를 찾은 것은 그가 1년 동안 이탈리아에서 '아무 목적 없이 어슬렁거리며' 가끔 강연이나 들으러 다닌 때였다.

디폴트 모드 네트워크의 설정과 해제가 효율적일수록 인생의 사건들을 잘 처리할 수 있다. 공상에서 빠져나와 여러 자극을 받는 일상으로 되돌아가야 할 때면 두뇌는 미리 준비한다. 이 능력을 갖춘 사람들은 기억과 사고의 유연성, 독해 등 인지 능력에 대한 시험에서도 더 좋은 성적을 내고, 정신적으로도 더 건강하다. ADHD, 불안장애, 우울증, 자폐증, 조현증이 있는 사람들의 경우 디폴트 모드 네트워크가 효율적으로 작동하지 않는다. 그들에게는 외부와 내면을 오가기가 어렵고 결과적으로 지나친 몽상에 빠지거나 자기 생각에 매몰되고 만다. 깊이 생각하고 있을 때 우리는 온-오프를 효율적으로 하지 못한다. 집중해야만 하는 어떤 일이 눈앞에 있는 경우 우리는 그 생각에 사로잡힌다.

우리는 '지루함'을 경멸하는 세상에서 살고 있다. 사람들은 종종 누가 더 바쁜지 경쟁한다. 인간의 가치가 효율성에 달린 것처럼 말이다. 이런 사고는 아이들에게도 영향을 준다. 가족끼리 차를 타고 어딘가에 간다고 생각해보라. 아이들은 무언가를 듣거나 보거나 게임하고 싶어 한다. 그들은 창밖을 내다보고, 한가롭게 이야기를 나누고, 공상하는 법을 잊었다. 심리학자 애덤 콕스는 50년 전의 아이들이 가만히 있는 상태로 1~2시간을 보낼 때 지루함을 느꼈다면, 지금의 아이들은 겨우 30초만에 지루함을 느낀다고 한다. 극히 활발한 10대들은 지루함을 불안으로 느끼고 '끊임없는 연결의 혼돈은 이들을 달래는 친숙함'으로 느낀다. 어른들도 다르지 않다. 운전하다가 만나는 빨간 불에서 속도를 줄이며 그 잠깐 동안에 휴대폰을 확인해야겠다고 생각한다.

활동과 휴식을 번갈아 가져야 한다. 의사의 진료를 기다리고 있을 때 혹은 버스가 도착하기를 기다리고 있을 때, 곧바로 잡지를 집어 들거나 휴대폰을 확인하는가? 그 대신 몇 분이라도 그저 가만히 앉아 있는 것은 어떨까? 운전하거나, 걷거나, 운동하기 위해서 뛸 때 나 팟캐스트를 듣는 대신 마음의 소리에 귀 기울여보는 것은 어떨까? 자극이 산재

한 세상이기 때문에 더 의식적으로 정지시간을 가져야 한다. 등산이나 캠핑이 잠시 숨을 돌릴 기회가 되긴 하지만, 조만간 산이나 캠핑장에서도 세상과 연결되지 않는 곳은 없어질 것이다. 우리는 적극적으로 휴대폰을 가지고 가지 않거나 꺼놓기로 '선택'해야 한다.

이 글을 읽은 뒤에 전과 다르게 해주기를 바라는 단 하나만 꼽으라면, 그것은 아이들이 아무것도 하지 않아도 되게 놓아두라는 것이다. 기술의 편재성만큼이나 큰 문제가 바로 우리 부모들이다. 네드가 코칭하는 아이 중 성취도 높고 스트레스 많은 한 아이가 이렇게 말한 적이 있다. "제가 원하는 것은 오로지 1~2시간의 휴식을 가지는 것뿐이에요. 내가 원하는 것을, 그러니까 아무것도 안 하는 진짜 휴식 말이에요. 하지만 그럴 때면 부모님은 말씀하시죠. '시험 준비를 더 해야 하지 않니? 밀린 공부는?'"

우리는 아이들이 다른 아이들에게 뒤처지지 않도록 '낭비하는 시간'을 줄이기 위해 연이은 여러 활동으로 일정을 짠다. 하지만 공상할 수 있는 자유 시간이야말로 아이들에게 가장 필요한 시간이다.

아동 심리학자 린 프라이는 여름 방학이 시작될 때면 자녀들과 자리에 앉아서 아이들이 자유 시간 동안 하고 싶은 모든 일을 목록으로 만들어보라 한다. 아이들이 지루하다고 불평할 때 자신들이 만든 이 목록을 참조하게 한다. 자신의 시간을 어떻게 보낼지 정하는 사람은 아이들 자신이어야 한다. 부모가 그 시간을 채워서는 안 된다. 고독을 견디는 법, 자신을 편하게 느끼는 법은 어린 시절에 습득해야 하는 가장 중요한 기술 목록의 상위에 있다.

뇌에 균형과 활기를 되찾아주는 명상

보니 주커 박사는 정신건강 전문가들을 위한 워크숍에서 불안장애의 치료에 대해 발표했다. 그녀는 청중으로 자리한 300명의 전문가에게 규칙적으로 명상을 하는 사람이 있느냐고 질문했다. 몇 명이 손을 들었다. 주커 박사가 말을 이었다. "명상에는 강력한 힘이 있습니다. 아직 안 해본 분은 명상을 배우고 일 년 뒤에 제게 그 효과를 말해주시면 좋겠습니다."

우리는 주커 박사의 말에 전적으로 동의한다. 세상의 변화가 분노와 두려움의 층위를 높이고, 기술의 발달이 삶의 속도를 가속화하면서 우리가 '우리 자신'으로 있는 시간이 계속 줄어들고 있다. 이럴수록 명상의 중요성은 커진다. 우리는 청소년에게 광범위하게 사용되는 명상의 두 형태, 즉 '마음챙김(Mindfulness)'과 '초월명상(TM, Transcendental Meditation)'에 대해서 간단히 논의하고 우리가 왜 아이들의 명상을 추천하는지 설명할 것이다.

마음챙김

존 카밧진은 마음챙김 기반의 스트레스 감소(MBSR, Mindfulness-Based Stress Reduction) 프로그램을 통해 마음챙김이 인기를 얻고 과학적으로 존중받는 데 큰 역할을 한 과학자이다. 그는 마음챙김을 '특정한 방식으로, 편협한 판단 없이 의도적으로, 현재의 순간에 주의를 기울이는 것'이라고 정의한다. 기본적인 마음챙김 명상에는 호흡에 의식을 집중하고 떠오르는 생각을 의식하는 일이 포함된다. 판단이나 반응 없이 순간순간의 경험에 집중하고 생각의 내용과 그에 대한 반응을 관찰한다. 마음챙김 실천법에는 몸을 찬찬히 살펴 스트레스 부위를 찾거나 의식적으로 먹고 걷는 일도 포함된다. 인내, 신뢰, 수용, 친절, 연민, 감사 같은 윤리적 덕목의 발전을 격려하는 방법도 있다.

마음챙김은 여러 형태를 띤다. 심리 치료사들은 마음챙김을 이용해서 아이들이 자신의 감정을 통제할 수 있게 돕는다. 오클랜드, 캘리포니아의 초등학교에서는 저소득 가정 학생들에게 마음챙김 명상을 소개한다. 학교에서의 마음챙김 명상에는 명상 가이드, 시각화, 긍정, 호흡 연습, 마음챙김 요가, 음악에 맞춘 운동, 시각예술 활동이 포함된다. 마음챙김 실천법은 그 종류가 다양하기 때문에 유치원에서 대학에 이르는 다양한 연령대의 학생에게 응용할 수 있다. 저명한 신경과학자 리처드 데이비슨은 현재 4살의 아이들에게 마음챙김 실천법을 도입할 방법을 연구하고 있다.

학창 시절의 마음챙김 명상은 스트레스와 공격성, 사회적 불안의 수준을 낮추고 절제와 작업기억 같은 집행 기능을 향상하며 수학 성적을 올리는 데도 영향을 준다고 한다. 성인 대상의 연구에서도 두뇌 활동의 변화는 물론 유전자 발현(특정 유전자의 온-오프)까지 발견되고 있다.

우리는 최근 뉴욕대학의 응용심리학 교수인 조시 아론슨과 이야기를 나누었다. 심리학 연구로 이름 높은 그의 연구는 이 책에서도 많이 인용되었다. 아론슨은 도심 지역의 학교에 다니는 저소득층 학생을 대상으로 마음챙김 명상 앱과 헤드스페이스(Headspace, 고요하고 텅빈 마음)

를 이용하는 연구를 진행 중이다. 20일의 명상을 실천한 아이들은 이전에 느껴보지 못했던 것들을 느꼈다고 말했다. 어떤 아이들은 처음으로 몸 안에서 편안함을 느끼고 자연의 아름다움을 느끼기 시작했다고 한다. 한 소년은 평소 등굣길에 '나를 문제아라 생각하는 경찰이 나를 쏘거나 마약상이 내 길을 막는 건 아닐까?' '학교를 무사히 졸업할 수 있을까?' 같은 생각을 한다고 했다. 하지만 열흘간 명상을 하고서는 화창한 햇살 아래의 세상이 얼마나 아름다운지 알게 됐다고 한다. "명상하기 전에는 고개를 들어본 적이 없어요."

초월명상

우리 두 사람은 초월명상을 실천하고 있다. 명상가들은 '만트라(티베트 불교식 주문)'라고 하는 의미 없는 주문을 읊는다. 명상을 하는 사람은 조용히 자신의 만트라를 반복하면서 마음이 가라앉고 차분해지는 경험을 한다. 만트라는 명상가를 마음이라는 바다 깊숙한 곳으로, 완벽하게 평화롭고 조용한 곳으로 이끌어 온전한 각성과 함께 무념의 상태로 이끈다. 이것이 초월명상의 '초월'적 부분으로, 사고의 과정을 완전히 초월하는 것이다. 초월은 아무것도 하지 않는, 무위無爲의 완벽한 본보기이다. 40년에 걸친 연구에 따르면 몸과 마음 깊숙한 곳까지 차분하게 만드는 이 경험은 신체와 정신 건강을 증진할 뿐 아니라 학습 성과까지 높여준다.

초월명상은 청소년과 성인에게서 유발하는 생리적 상태를 '평안한 각성(restful alertness)'으로 이끈다. 잠을 자거나 눈 감고 쉬는 것과는 다르다. 많은 연구에 따르면 초월명상 동안 사람이 도달할 수 있는 신체적 긴장 완화의 깊이는 산소 소비, 피부 기저층의 저항 등 몇 가지 중요한 측면에서 수면보다 훨씬 효과적이라고 한다. 이런 깊은 휴식을 통해 신경계는 스트레스와 피로의 부정적인 영향에서 회복된다. 평안한 각성상태는 스트레스 반응 시스템을 보다 효율적으로 만들어서 스트레스 요인에 빠르고 순응적으로 반응하고 또 반응을 재빨리 끝낸다. 효율적인 스트레스 반응을 통해 청소년은 상황을 '내려놓고' 보다 빠르게 회복할 수 있다. 어떤 연구에 따르면 명상하는 청소년들의 경우, 회복이 2배까지 빨라지면서 스트레스 내성과 회복력이 높아진다. 스트레스 내성과 회복력은 성적과 사회생활, 인생의 성공에 대한 강력한 예측 변수이다. 뇌파 활동의 일관성이 눈에 띄게 상승하는 상태는 '이완된 각성(relaxed alertness)' 상태를 수반하며, 이는 개선된 주의, 기억, 추상적 추론 능력에 영향을 끼친다.

빌은 테네시대학에서 생체자기제어 훈련의 일환으로 뇌파를 측정했다. 센터가 빌의 두개골에 연결되었고 그는 눈을 감으라는 지시를 받았다. 3~4초 후 그를 모니터하던 의사가 "이런, 세상에…"라고 말했다. 빌은 눈을 번쩍 뜨고 물었다. "무슨 일입니까?" 의사가 말했다. "눈을 감는 순간 알파파가 엄청나게 늘어났어요." (알파파는 이완과 연관된 비교적 느린 뇌파이다.) 빌은 자신이 25년간 명상해온 사실을 밝혔다. 의사가 말했다. "그럼 그렇지." 오랜 세월의 명상이 두뇌의 기능을 다르게 만든다는 사실이 확인된 것이다.

초월명상에 대한 연구 결과에 따르면 하루 2번 10~15분씩 짧은 명상을 한 아이들은 스트레스와 불안, 우울증을 현저히 적게 경험하고 분노와 적대감을 덜 표현했다. 이 아이들은 잠을 더 잘 잤고, 더 창의적이었고, 더 건강하고, 자존감이 더 높고, 학교생활과 인지와 학문적 기술에 대한 테스트에서도 더 좋은 성과를 냈다. 초월명상에는 마음을 통제하려는 시도가 없다. 그런데도 초월명상을 실천하는 사람은 내적 통제 소재가 높아진다. 이는 두뇌가 스스로 활기를 찾으면서 균형 잡힌 시각을 갖추기 때문이다. 초월명상은 압도당한다는 느낌의 범위를 줄이고, 정신을 보다 효율적으로 사용함으로써 어려운 상황에 효과적으로 맞서도 인생의 크고 작은 도전을 자신감 있게 처리할 수 있게 해준다. 학교에서 하는 하루 2번 15분의 명상 프로그램인 '정지시간(Quiet Time)'은 폭력과 두려움, 트라우마로 가득한 도심의 빈곤 지역 학교에서 큰 효과를 냈다.

우리는 명상이 아이들에게 긍정적인 혜택을 준다는 것을 알고 있지만, 학생들에게 명상을 강요하지는 않는다. 낙타에게 억지로 물을 먹일 수는 없다는 이야기이다. 우리의 경험에 따르면 아동기를 벗어난 청소년이나 갓 성인이 된 경우, 명상을 신체적, 정서적 통증을 줄이고 학업 성적을 높이는 도구나 온 가족이 함께하는 일과의 하나로 인식할 때 스스로 명상을 하는 비율이 높았다. 청소년에게는 다른 청소년의 지지와 인정이 있으면 규칙적으로 명상할 가능성이 더 컸다.

아이들에게 명상을 권해보기를 추천한다. 아이들이 관심을 보인다면 명상을 3개월 동안 매일 하루 한두 번만 시도해보라고 한다. 명상의 효과를 직접 이야기해도 좋고, 주변의 명상가에게 이야기해달라고 해도 좋다. 또 말로만 권하기보다는 부모가 먼저 해보고 난 뒤 아이들과 함께하기를 권한다. 또 자녀가 10대라면 그들의 승낙 없이 밀어붙이지 않아야 한다.

부모가 할 수 있는 일은 여기까지이다. 빌의 아들은 10대일 때 이렇게 질문했다. "제가 명상을 싫어하면 아빠는 실망할 건가요?" "아니, 전혀." 빌이 말했다. "네가 아빠처럼 명상에 매력을 느끼지 못한다면 넌 하지 않아도 돼."

처음으로 명상에 대해 알아보기 시작하면서 빌은 깊은 휴식을 취한 두뇌가 피곤하고 스트레스를 받은 두뇌보다 훨씬 더 효율적으로 움직이기 때문에, 명상을 통해서 적게 일하고 더 높은 성과를 거둘 수 있다는 이야기를 들었다. 그는 명상이 시간 낭비라고 생각지는 않았지만, 그렇다고 시간이 절약된다고도 생각지 않았다. 하지만 얼마 지나지 않아 하루 20분 2번의 명상으로 성과가 훨씬 좋아진 것을 깨닫게 되었다.

그는 이후 42년 동안 계속해서 그런 경험을 했다. 고객과 작업을 한 뒤 항상 그 마지막에 파일과 시험 자료를 정리한다. 처음 명상을 하지 않았을 때는 그 과정에 30분이 소요되었다. 물건을 넣어두기 위해 5~6차례 보관소로 가야 했기 때문이다. 처음 명상을 시작했을 무렵에는 보관소에 단 2번만 갔고 시간은 10분밖에 걸리지 않았다. 저녁 시간까지 정신이 맑은 덕분이었다. 이것은 마법이 아니다. 초점이 명확해지고, 생각이 효율적으로 이뤄지며, 실수를 적게 하는 것일 뿐이다.

자주 듣는 질문들

"학교 선생님께서 아이가 학교에서 내내 공상을 한다고 말씀하세요. 아이가 ADHD가 아닌지 어떻게 알 수 있을까요?"

ADHD인 아이는 교실에서 벌어지는 일에 관심이 없을 때 공상에 사로잡힌다. 만일 교사가 아이를 보고 다른 아이보다 공상을 많이 한다고 말하면서 주의 산만, 체계 없음, 과제 완수 불능, 충동성, 과도한 신체적 불안 상태에 대해 우려를 표현한다면, 소아과 의사에게 연락해서 ADHD 평가가 가능한지 알아보아야 한다.

"아이가 불안이 있는지 어떻게 알 수 있나요? 우리 아이는 공상을 엄청나게 많이 해요. 공상과 불안이 연관이 있다고 들었어요."

끊임없이 공상하지만 ADHD가 아니라면 다음의 2가지 중 하나 때문이다. 주변 세상이 마음에 들지 않아서 머릿속 세상에서 대부분 시간을 보내거나, 혹은 과거의 어떤 두려운 생각에서 벗어나지 못하는 경우이다. 지나치게 공상을 하는 아이들은 대개 불안의 다른 징후도 보여준다. 아이가 공상을 많이 하지만 수면장애, 신체적 산만함, 두통, 초조, 완벽주의 등 불안의 다른 징후가 보이지 않는다면 크게 걱정할 일은 없을 것이다.

"초월명상과 마음챙김 중에 어떤 것이 아이에게 더 좋을까요?"

직접적인 비교는 힘들다. 초월명상은 대단히 표준화된 프로그램인 반면, 마음챙김은 여러 방식의 실천법들을 통합해서 가르친다. 그리고 이런 차이와 별개로 두 프로그램 모두 유효하다는 것이다. 마음챙김 실천법을 통해서 아이들은 자기 이해와 자기통제를 위한 일상적인 정신적 도구들을 얻을 수 있다. 아이들이 친절과 연민을 발전시키는 데도 도움이 된다. 삶의 스트레스가 커지는 만큼 공감과 이타주의가 사라지고 있어 이 프로그램이 더욱 빛을 발한다. 또 마음챙김에는 몇 가지 실용적 장점이 있다. 비교적 적은 비용으로 배울 수 있고 아주 어린 아이에게도 적용할 수 있어서 전국의 여러 학교에서 마음챙김 명상을 실천하고 있기도 하다. 또한 학생들이 실천법을 배울 때 반드시 숙련된 교사가 있지 않아도 괜찮다.

초월명상으로 빠져드는 평온한 각성상태에는 커다란 가치가 있다. 하루 2번 초월명상으로 스트레스와 불안의 수치를 낮추고, 학습 능력을 개선하고, 긍정적인 학교 분위기를 만드는 데 기여할 수 있다. 또 초월명상은 고도로 숙련된 교사들이 가르치는 표준화된 기법이다. 이는 교사만 있다면 어떤 학교에서든 제대로 실행할 수 있다는 의미이다. 하지만 배우는 데 비용이 많이 든다. 또 초월명상은 자격증 있는 교사만이 가르칠 수 있기 때문에 정지시간 프로그램은 실행하기 좀 더 어려울 수 있다. 하지만 데이비드 린치 재단을 비롯한 기부자들이 자금을 조달해서 전국의 저소득층 학생들 수천 명에게 초월명상을 배우고 실천하게 하는 고무적인 일을 하고 있다.

초월명상, 마음챙김, 공상 모두 두뇌 발달에 매우 중요하지만, 수면에는 비길 수 없다. 수면은 철저한 정지시간의 정수이며 우리 삶의 엄청난 부분의 기반이고 우리가 인생의 3분의 1을 보내는 중요한 활동이다. 다음 장에서 바로 수면에 대해 알아보자.

오늘 밤 할 일

- 아이에게 이런 질문을 해본다. "자신을 위해 충분히 시간을 쓰고 있다고 생각하니? 공부나 운동을 하거나 메시지를 주고받거나 다른 사람들과 이야기를 나누지 않고 자신하고만 있을 시간이 충분히 있다고 생각하냐는 거야. 느긋하게 보내는 시간이 충분하다고 생각해?" 아이가 아니라고 답한다면 하루에 몇 차례 조용히 앉아서 마음이 떠돌도록 놓아두는 시간을 찾을 수 있게 곰곰이 생각해보도록 한다. 자신을 위한 충분한 시간을 만드는 일의 어려움에 대해서 아이들과 편안하게 생각을 나눈다.

수면 부족은 정서, 학습, 신체를 망치는 '폭탄'이다

20세기 초 성인들은 하룻밤에 9시간 이상 잠을 잤지만, 전기와 기술의 보급은 모든 것을 바꾸어놓았다. 지금은 과거보다 평균적으로 2시간을 적게 잔다. 수면 전문가들은 낮에 피로를 느끼거나 집중력이 떨어져 카페인을 섭취하면 충분히 잠을 자지 못할 것이라고 한다. 일어나기 위해 알람시계가 필요하다는 것은 잠이 더 필요하다는 뜻이기도 하다. 즉 현대인의 대부분은 잠이 심각하게 부족한 상태이다.

우리가 만나는 10대 중 대부분은 학교에서 많은 피로를 느낀다고 말한다. 청소년의 수면 패턴에 대한 연구 결과를 보면, 10대의 50% 이상이 하룻밤에 7시간 이하의 수면을 취하고, 85%는 청소년의 권장 수면 시간인 8~10시간보다 적은 수면을 취하고 있었다.

보통 14~15세 때부터 심각한 수면박탈 상태에 접어드는 것으로 보인다. 스마트폰이 수면 박탈을 심화하기 전인 1990년대와 2000년대 초반, 아동 수면 연구의 권위자인 메리 카스카돈은 평균적으로 하루 7시간의 수면을 취하는 연구 대상 10대의 절반이 아침에 너무나 피곤한 나머지 뇌전도가 기면증 환자와 비슷한 양상을 보인다는 것을 발견했다. 10대의 수면 부족 상태가 가장 심각하긴 하지만, 빌이 테스트하는 유치원과 초등학교 아이들 역시 아침 내내 하품을 하며 '항상' 피곤함을 느끼는 데 익숙하다고 이야기하는 것도 큰 문제이다.

"아이들은 유치원 때부터 먹이 피라미드에 대해 배웁니다." 카스카돈 박사의 말이다. "하지만 아이들에게 수면이 맨 아래층을 차지하는 생명 피라미드를 가르치는 사람은 없습니다." 자연의 모든 것은 휴식을 필요로 한다. 모든 동물과 곤충이 잠을 잔다. 초파리도 예외는 아니다. 초파리에게 카페인을 주면 초파리는 몇 시간 동안 미친 듯 뛰어다니다가 부족한 잠을 보충하기 위해 결국 쓰러져 잠이 든다. 연구실의 쥐들은 잠을 자지 못하게 하면 곧 죽고 만다. 이처럼 수면은 두뇌와 신체의 기능을 최적화시키고, 잠을 못 자면 두뇌와 신체의 악순환이 일어난다. 수면 부족으로 삶의 통제감도 약화되기 때문에 피곤해질수록 잠자리에 들기가 힘들어지고, 잠을 자기보다 드라마를 한 편 더 보고 싶어진다. 상쾌한 상태의 아침 9시보다 피곤한 상태의 밤 11시에 아이스크림 한 통을 다 비울 가능성이 큰 것이다. 나쁜 습관은 불충분한 수면에 의해 더 악화된다. 표면적으로는 간단한 문제처럼 보이지만, 사실 수면 박탈의 사이클은 깨뜨리기가 매우 어렵다. 피곤해지면 더 불안해지고, 불안을 많이 느낄 때는 잠들기가 더 힘들어진다. 이것은 대단히 큰 문제이다. 잠은 건전한 두뇌 발달의 가장 중요한 요인이기 때문이다.

많은 부모가 아이들이 좀 더 잘 자도록 도울 방법이 있는지 알고 싶어 하면서도 혼란을 느낀다. 아이들이 해야 할 숙제와 등교 시간, 저녁 8시면 빠져드는 축구 게임을 통제할 수 없기 때문이다. 하지만 정말로 머리를 쥐어뜯고 싶게 만드는 일은 아이들을 잠자게끔 '만들' 수 없다는 것이다. 앞으로 이런 문제들에 대해서 자세히 알아볼 것이다. 하지만 우선은 잠이 강한 삶의 통제감에 어떤 영향을 미치는지 알아보자.

수면은 집의 토대와 같다

우리는 잠에 무척 신경을 쓴다. 우리는 대단히 바쁜 삶을 살아가지만 충분한 수면을 취하고 알람시계 없이 일어나기 위해 주의를 기울인다. 우리가 수면에 이토록 심각한 이유는 기초 수면이 다른 모든 일에 미치는 영향이 얼마나 중요한지 너무도 잘 알기 때문이다. 기초 수면은 집의 토대와 같다. 아무런 매력도, 흥미로운 부분도 없기에 소홀하기 쉽지만, 수면 시간이 부족하면 모든 것이 무너진다. 허약한 토대에 비가 많은 겨울과 질척한 땅이 더해지면 커다란 재앙이 닥치기 마련이다.

수면 박탈은 만성적인 스트레스의 한 형태이다

스트레스 연구의 선도자인 브루스 맥쿠엔에 따르면, 수면 박탈은 정신과 신체에 만성 스트레스와 비슷한 영향을 준다. 여기에는 높은 코르티솔 수치, 스트레스 반응성 증가, 혈압 상승, 진정 기능에 기여하는 부교감신경계의 효율 저하가 포함된다. 수면 박탈은 염증을 일으키고 인슐린 분비에 영향을 주며, 식욕을 떨어뜨리고 기분을 저해한다. 이에 맥쿠엔은 갓 성년이 된 사람들에게 하루 6시간 이하의 만성 수면 부족은 심각한 급성 수면 박탈과 같은 영향을 준다는 것을 발견했다. 6주 동안 4~6시간을 잔 20대 초반의 사람들이 인지 과제에서 보인 결과는 3일 동안 전혀 잠을 자지 못한 사람과 차이가 없었다.

스트레스 반응 시스템이 정상적으로 기능할 경우, 우리의 코티솔 수치는 아침에 일어났을 때 가장 높고 밤에 잠자리에 들기 전에 가장 낮다. 코티솔은 침대에서 일어날 때 필요한 활력을 공급한다. 하지만 스트레스를 많이 받은 사람은 이 패턴이 역전되곤 한다. 그들의 코티솔 수치는 밤에 편안히 누우려 할 때 높아지고 아침에 일어나려 할 때 낮아진다. 어린아이의 경우도 마찬가지다.

수면 박탈은 감정 통제 능력을 극적으로 손상시킨다

충분히 잠을 자지 않으면 편도체가 감정을 고조시킬 때 더 민감하게 반응한다. 이에 따라 두뇌 활동은 불안장애를 겪는 사람과 유사해진다. 변덕스러움이나 잘못된 판단 등 우리가 10대와 연관짓는 많은 부정적 특성이 실은 수면 박탈의 결과인지도 모른다. 네드는 학생들에게 이렇게 묻는다. "정말로 피곤할 때는 그날따라 엄마가 네 일에 심하게 간섭하고 친구도 정말 나쁘게 구는 것 같지 않니?" 이는 수면 부족이 융통성을 저하하고 객관적인 시각을 흐려 판단력을 떨어뜨리기 때문이다. 수면이 박탈된 10대는 기분의 두드러진 변화에 대응하기 위해 카페인이나 니코틴, 알코올, 약물을 사용할 가능성도 훨씬 크다. 충분한 수면을 취해야 이런 감정 기복을 효과적으로 처리할 수 있다.

수면 부족은 '부정성의 폭탄'과 같다

저명한 수면 연구가 로버트 스틱골드는 실험 대상자의 절반은 36시간 동안 잠을 자지 못하게 하고 절반은 충분한 휴식을 취하게 한 후 긍정적 단어와 부정적 단어, 중립적인 단어들(예를 들어 평온, 슬픔, 버드나무 등)을 보여준 뒤 느낀 감정을 확인했다. 그런 다음 이틀 동안 밀렸던 잠을 보충하도록 한 뒤 기습적으로 기억 테스트를 실시했다. 충분히 휴식을 취한 사람들은 그들이 본 단어를 40% 이상을 기억했고 긍정적인 단어와 부정적인 단어의 비율을 비슷하게 떠올렸다. 반면 수면이 박탈되었던 사람들은 전반적으로 더 적은 수의 단어를 기억했고 그 단어도 대부분 부정적인 것들이었다. 긍정적 단어를 기억한 비율은 휴식을 취한 집단에 비해 50% 낮았지만, 부정적 단어를 기억한 비율은 20% 낮은데 그쳤다. 스틱골드는 실험 결과를 이렇게 분석했다. "수면이 박탈되었을 경우 삶의 긍정적 사건보다 부정적 사건에 대한 기억을 2배 더 효과적으로 형성해 하루를 부정 편향되게 기억할 가능성이 크다는, 다소 끔찍한 결론이 나왔다."

수면 박탈은 불안, 감정장애의 발병률을 높일 수 있다

충분히 잠을 자지 않으면 전두엽피질과 편도체의 연결이 약화된다. 두뇌의 조종사는 잠이 들지만, 성난 사자는 깨어 있는 것이다. 전두엽피질과 편도체의 단절은 외상후 스트레스장애, 우울증, 양극성장애, 기타 정신질환에서 나타난다. 불충분한 수면과 우울증 사이에도 강한 상관관계가 있다. 수면무호흡증인 남성과 여성은 중증 우울 장애를 겪을 가능성이 각각 2.5배, 5배씩 높다. 그래서 CPAP(호흡 보조 장치)의 사용은 우울증 증상을 크게 완화시킨다. 사춘기 이후 여성의 우울증 위험이 3배가 된다는 사실은 충분한 수면을 취하기 더 힘들어진다는 점과 관련 있는 것으로 보인다.

수면 박탈은 신체에 영향을 미친다

수면 박탈은 혈당 수치의 통제를 힘들게 만들고 비만을 유발한다. 일본, 캐나다, 오스트레일리아의 한 연구에서 매일 8시간 이하로 잠을 잔 아이들이 10시간 잠을 잔 아이들에 비해 비만 확률이 3배 높다는 것을 발견했다. 휴스턴에서 10대를 대상으로 이루어진 한 연구에 따르면 수면 시간이 한 시간씩 줄어들 때마다 비만의 가능성이 80%씩 증가한다. 수면이 부족한 10대의 경우에는 아플 가능성도 커진다. 하루에 4시간만 자는 경우 면역 기능의 약 70%가 손상된다. 수면 부족은 암을 죽이는 세포의 현저한 감소로도 이어진다. 미국 암학회는 야간 근무를 발암 요인으로 분류할 정도이다.

수면은 학습에 대단히 중요하다

학습에 충분한 휴식보다 더 중요한 것은 거의 없다. 간단히 말하자면, 8시간을 잔 사람에게 4시간 동안 가르치는 것이 4시간을 잔 사람에게 8시간 동안 가르치는 것보다 훨씬 더 효과적이다. 약한 정도의 수면 박탈도 사고와 인지에 영향을 줄 수 있다. 미성년자 수면 제한에 대한 한 연구에서는 6학년 학생들을 사흘 동안 평소보다 1시간 더 혹은 덜 자게 했다. 다른 학생들보다 35분 덜 잔 학생들은 인지 테스트에서 4학년 학생과 비슷한 수준을 보였다. 2년 치의 인지 역량을 상실한 것이다.

잠을 잘 때 두뇌는 경험을 '재생'하면서 해마의 피질과 신호를 계속 주고받아 기억을 통합하고 강화한다. 최근에 배운 자료들이 마음속 화면에 재생되면서 깊숙이 배어들고, 과거에 배운 다른 정보들과 연결한다. 수면은 두뇌 전체에 생기를 되찾게 하고, 주의를 집중하는 능력을 향상시켜 새로운 학습에 대해 최적의 수용성을 갖게 한다. 과학자들은 비렘수면(Non-REM sleep, 빠른 안구 운동이 없는 수면) 동안 전기적 활동의 짧은 파열을 관찰했다. '수면 반추(sleep spindle)'라고 불리는 이 활동은 정보를 해마 내의 단기 저장 공간에서 피질의 장기 저장 장소로 옮기는 것을 돕는다. 이 소위 서파수면(slow wave sleep)은 새로운 기억을 확고하게 하고 우리가 배운 정보를 저장하는 데 도움을 준다. 수면 전문가 매튜 워커는 이를 '저장' 버튼에 비유한다. 워커가 '느린 동조 구호(slow synchronized chant)'라고 부르는 활동(전기적 파동이 두뇌의 한 부분에서 두뇌의 다른 곳으로 이동하는 활동)은 여러 다른 부분에 있는 정보의 조각들을 연결하고, 서로 결합해 이해의 틀을 만드는 데 도움을 준다.

로버트 스틱골드의 초기 수면 연구에서 참가자들은 3일에 걸쳐 7시간 동안 테트리스 게임을 했다. 이들을 잠이 든 직후 깨우자 75%가 블록이 떨어지는 꿈을 꿨다고 말했다. 이는 두뇌가 잠든 동안 테트리스의 중요한 기술을 계속 숙련하고 있었음을 시사한다.

수면이 학습에 미치는 영향은 고등학생만 경험하는 일이 아니다. 지난봄에 빌은 먼저 히브리어 공부를 시작한 아내 스타의 권유로 히브리어를 배우기로 했다. 첫 주에는 출근 전 아침에 몇 분씩 공부하면서 꽤 진전을 이루었다. 어느 날 스타는 저녁 8시 45분에 함께 히브리어를 공부하자고 제안했다. 빌은 상태가 나쁘지는 않았다. 대화하고 기타도 칠 수 있었다. 하지만 학습을 하기에는 너무 지친 상태였다. 그는 책의 첫 줄에 있는 단어 몇 개를 천천히 읽고 다음 줄로 넘어갔다. 단어 세트를 독해하려고 몇 분간 애쓴 끝에 그는 첫 줄을 다시 보았고, 둘째 줄의 단어들이 첫째 줄의 단어와 똑같다는 것을 깨달았다. 너무 지쳐서 단어를 기억할 수 없던 것이다.

그는 저녁 8시 45분에 최고 상태의 10% 수준에 불과한 뇌의 상태로 공부하려 한 것이다. 단어를 꼭 외워야만 하는 상황이었다면 공부에 몇 시간이 걸렸을 수도 있다. 다음 날 아침에 했다면 20분이면 될 일을 말이다. 많은 학생이 이처럼 정신적 비효율 상태로 책상에 앉아 있다.

당연하게도 수면과 성적은 긴밀한 연관이 있다. 수많은 연구가 수면 시간의 감소와 성적 하락의 상관관계를 보여준다. 등교 시간을 늦추었을 때 결석과 지각률이 떨어지고, 학교생활 중에 조는 일이 줄며 기분과 효능감이 높아진다. 카일라 왈스트롬이 9,000명의 고등학생을 대상으로 진행한 최근의 연구에 따르면, 등교 시간을 8시 35분 이후로 미룬 학생은 성적이 25% 향상되었다. 심지어 등교 시간을 더 늦출수록 더 확실한 결과가 나왔다.

수면의 치유 효과

잘 쉬고 스트레스를 받지 않으면 전두엽피질은 하향식으로 감정 체계를 통제하는 데 도움을 준다. 잠을 잘 자면 전두엽피질과 다른 시스템 사이의 연결이 재생되고 강화되어 우리의 믿음직한 조종사가 우리의 사고와 행동을 조절할 수 있게 된다.

네드는 때때로 학교 성적이 우수하고 외부 활동에서도 뛰어난 성과를 올리면서 스트레스 없이 행복하게 지내는 아이들을 만난다. 네드는 이런 학생을 만나면 항상 수면 패턴에 관해 묻는데, 아이들의 대답은 비슷하다. "10시면 자요. 피곤할 때는 제대로 움직이질 못하거든요." 이런 아이들이 좀 더 효율적으로, 쉽게 배우기 때문에 하루를 일찍 마무리하고 잠자리에 드는 것일 수도 있다. 하지만 잘 쉬었기 때문에 더 효율적이고 쉽게 배울 수 있을 가능성이 더 크다.

간단히 말해 수면에는 치유의 효과가 있다. 대부분 꿈에서 나타나는 '렘수면(Rapid Eye Movement sleep, REM sleep)'은 혹독한 감정적 경험을 완화한다. 렘수면 때 뇌에는 스트레스 관련 신경화학물질이 전혀 없는데, 이런 상태는 렘수면 이외의 어떤 경우에도 없다. 매튜 워커에 따르면, 두뇌는 렘수면 중에 감정적 문제가 있는 기억들을 다시 활성화한 후 스트레스가 없는 환경에서 성찰적인 꿈을 거쳐 마음에 되돌려놓는다고 한다. "아침에는 모든 것이 좋아 보인다"라는 말은 수면과학으로 입증되고 있다.

잠을 잘 잔 후 삶의 통제감이 커지는 경험은 누구나 해보았을 것이다. 그렇게 잘 자고 통제력을 얻기 위해서는 먼저 내려놓아야 한다. 이것은 타인이 대신해줄 수 없는 일이다. 그렇다면 어떻게 해야 아이들이 충분히 잠을 자게 할 수 있을까? 아이의 연령에 따라 그 방법을 살펴보자.

자주 듣는 질문들

"아이가 잠을 얼마나 자야 하나요?"

일반적으로 유치원생은 매일 10~13시간을 자야 한다. 이 중 1시간은 보통 낮잠이다. 6~13세 어린이는 9~11시간, 14~17세는 8~10시간을 자야 한다. 18세에서 21세는 7~9시간의 잠이 필요하다. 아동 수면 연구의 세계적 권위자인 주디스 오웬즈는 다른 대부분의 욕구와 마찬가지로 수면욕 역시 종형 곡선의 형태를 띠는 것으로 본다.

일부 사람은 필요로 하는 수면 시간이 다른 사람들보다 많다. 아이의 수면 시간이 충분한지 판단하기 위해서는 다음과 같은 질문이 필요하다. 아이가 스스로 일어나는가? 아이가 낮에 피곤해하거나 짜증을 많이 내는가? 이런 것들을 고려해 아이들이 필요한 만큼 잠을 자도록 돕는다.

"아이에게 의사의 도움이 필요한 수면 문제가 있는지 어떻게 알 수 있죠?"

부모들이 알아야 하는 몇 가지 공통적 수면 문제들이 있다. 가장 중요한 것은 수면무호흡증과 불면증이다. 아이가 코를 골거나 잠이 들기에, 혹은 잠든 상태를 유지하는 데 문제가 있다면 수면을 방해할 수 있는 천식, 알레르기, 편도선이나 아데노이드 비대 같은 신체적 문제가 있는지 확인하기 위해서 소아과 의사, 필요하다면 수면 전문가와 상담해야 한다. 불면증은 4~5세의 어린아이에게도 문제가 될 수 있다. 불면증은 10대에게 매우 흔하다. 새벽 1~2시까지 피곤함을 느끼지 않아 생체 시계를 조정해야 하는 지연성 수면위상증후군(phase-delay sleep syndrome)도 마찬가지다. 불면증은 ADHD나 자폐와 연관 있는 경우가 많다. 수면에 문제 있는 아이의 경우 스트레스나 불안, 우울증이 있는지 확인해봐야 한다. ADHD나 자폐는 아니지만 잠드는 데 문제가 있고, 보호자가 곁에서 잠자는 것을 도와야 한다면 불면증의 한 형태로 볼 수 있다. 조기 개입이 효과를 낼 수 있으니 빠르게 인지 행동 치료사나 수면 환경 전문가에게 조언을 구하는 것이 좋다.

"잠이 중요하다는 것은 알겠어요. 하지만 등교 시간이 너무 이르

고 과외활동과 숙제가 많아서 늦은 시간까지 깨어 있어요. 아이가 좋아하는 과외활동을 그만두게 하고 싶지는 않아요."

우리는 이런 걱정을 많이 듣는다. 또 직접 겪기도 한다. 네드가 만난 학생 켈리는 3개 종목의 학교 대표 운동선수이고 거의 모든 과목을 선행학습하고 있었다.

네드: 넌 너무 많은 일을 하고 있는데, 어떻게 그 모든 일을 해나가는 거니?

켈리: 괜찮아요. 정말 피곤하고 스트레스를 많이 받긴 하지만요.

네드: 어머니는 네가 어떻게 그런 시간을 만들어내는지 걱정하시는 것 같더라. 그냥 궁금해서 묻는 건데, 잠은 몇 시에 자니?

켈리: 보통 새벽 2~3시에 자요.

네드: 세상에… 네 일과를 자세히 말해줄 수 있니? 그렇게 적게 자면서 그렇게 많은 활동을 하려면 굉장히 힘들 텐데.

켈리: 보통 숙제에 5시간이 걸려요.

네드: 잘 쉬고 나면 숙제를 더 빨리 할 수 있어. 아마 4시간 안에 숙제를 끝내고 잠을 좀 더 잘 수 있을 거야. 그런데 5시간이 걸린다고 해도 왜 2~3시까지 잠들지 못하는 거니?

켈리: 여러 가지 활동을 해야 해서요.

네드: 3개 종목의 학교 대표로 활동하는 것 말고도?

켈리: 베스트 버디 프로그램이 있어요. 학교 사회 개혁 프로그램의 회장도 맡고 있어요. 우수학생회에도 속해 있죠. 또래 멘토 일도 해

요. 라크로스 클럽에서도 활동하고 특수교육 아동을 위한 프로그램에도 참여해요.

켈리는 좋은 선택을 하는 방법을 배워야 했다. "내가 어떤 일이 중요하다고 말해줄 순 없지만, 활동이 너무 많아서 각 활동에 쏟을 수 있는 에너지가 크지 않을 거야." 모든 것을 할 수는 없고, 행복이 가장 중요하다는 것은 고등학생 때 배워야 할 무엇보다 중요한 가치이다.

네드는 켈리같이 열정적인 아이들이나 완벽주의인 아이들에게 다음과 같은 격려의 말을 해주곤 한다. 다양한 방식으로 자유롭게 바꾸어 사용해도 좋다.

"네가 얼마나 노력하는지, 또 성실한지 잘 알아. 넌 항상 자신을 희생하길 마다하지 않으면서 모든 일에 최선을 다할 거야. 하지만 만성적으로 피곤할 때는 어떤 일에도 좋은 기량을 발휘할 수 없단다. 네가 아직 모르는 비밀이 하나 있어. 한 사람이 모든 일을 잘할 필요는 없다는 것 말이야.

넌 정말 하고 싶은 것이 무엇인지 찾고, 거기에 시간과 자원을 집중해야 해. 과외활동 하나를 포기하거나, 별로 좋아하지 않는 과목에는 너무 많은 에너지를 쏟지 않으면 어떨지 고려해보도록 해. 그렇게 확보한 시간을 너 자신, 너의 잠, 너에게 의미 있는 과목이나 활동에 투자해.

어떤 기회를 거절하는 것이 누군가를 실망시키는 일이라고 생각할 필요는 전혀 없어. 오히려 다른 사람에게도 새로운 기회를 주는 것이라고 생각하렴."

"아들은 9시간 반이나 잘 필요가 없다고 말해요. 오히려 친구들은 밤에 7~8시간만 잔다고 하죠. 아들에게 정말 어느 정도의 수면이 필요한지 어떻게 알 수 있죠?"

사실 청소년들은 사춘기 이후 수면 패턴의 변화를 겪으며 대부분이 오후 10시 45분까지 잠들지 못한다. 10대들이 빛에 더 민감하며 밤에 전자기기를 더 많이 사용한다는 점은 이 문제를 더 악화시킨다.

아이가 10대라면 존중하는 마음으로 협상해야 한다. 많은 아이들이 수면 패턴을 바꾸려 하지 않는다. 부모에게 "내 말이 맞았지?"라는 말을 듣기 싫은 것이다. 이 문제에는 아이들의 지식을 존중하는 방식으로 접근해야 한다. "네 말이 맞을지도 모르겠구나. 다른 사람보다 덜 자도 되는 체질일 수도 있지. 정말 그런지 확인을 한번 해보자. 최선의 결정을 하길 바라기 때문이야." 마찬가지로 수면 전문가이자 《잠을 자야 나아진다!(Snooze..or Lose!)》의 저자인 헬레네 엠셀렘이 지적하듯이, 10대 스스로 수면 시간을 바꾸거나 덜 피곤하게 지내고 싶어 하지 않는다면, 그들의 수면 시간을 늘리려는 개입은 소용이 없다.

아이가 피로를 느끼는 중이고, 수면의 효용을 충분히 알고 있다는 전제에서 시작해보자. 우선 필요한 수면 시간이 적은 사람도 있고, 아이가 8시간 정도만 자도 되는 사람일 수도 있다는 것을 인정해야 한다. 이와 동시에 대부분의 아이들이 자신이 얼마나 피곤한지, 얼마만큼의 잠이 필요한지 적절히 판단하지 못한다는 것도 사실이다. 그러니 아이에게 실험을 권해보자.

오전 11시에 아이를 어두운 방에 눕게 한다. 잠이 드는 데 시간이 얼마나 걸리는가? 몇 분 만에 잠이 든다면 심각한 수면 박탈이란 뜻이다. 또 다른 방법은 '연구'하게 하는 것이다. 사흘 연속으로 아이가 생각하는 취침 시간까지 깨어 있게 한 뒤, 낮 동안의 느낌을 평가한다. 기민함, 집중력, 학습력, 기분, 걱정, 좌절감, 타인과 어울리는 능력을 1~5의 범위에서 아이 스스로 평가한다. 다음 3일 동안은 아이에게 필요하다고 생각하는 시간만큼 일찍 재운다. 역시 동일한 평가를 한다. 어떤 결과가 나왔는가? 정말 차이가 없다고 느낀다면 괜찮다.

"딸은 늘 피곤해해요. 하지만 더 자야 한다는 생각을 도무지 받아들이지 않아요. 아이는 잠이 시간 낭비라고 말하죠. 어떻게 해야 할까요?"

이것은 대단히 미묘한 문제이다. 한편으로는 아이의 자율성을 존중하고 수면 문제를 통제 대상에서 제외하고 싶은 마음이 들 것이다. 아이는 억지로 재울 수도 없고 더 자고 싶게 만들 수도 없다. 하지만 저녁 시간에 조용하고 느긋한 일과를 만들 수는 있다. "잠드는 데 문제가 있는 거라면 그 문제에 있어서 너를 돕고, 의사가 말하는 시간에 네가 어두운 방에 눕도록 하는 게 내 역할이야."

수면의 중요성에는 반박할 수 없는 증거가 있다. 조언자로서 사용할 수 있는 몇 가지 전략을 소개한다.

• 아이들은 부모가 아닌 제3자의 조언을 진지하게 받아들이는 경

향이 있다. 초등학생이라면 소아과 의사나 아이가 좋아하는 다른 어른의 조언을 들어보자고 말한다. 10대라면 수면에 대한 기사를 공유해주어도 되겠느냐고 묻는다.

- 초등학생이나 그보다 어린아이라면 아이와 함께 정한 소등 시간을 강제한다. 아이들에게 당신이 책임감 있는 부모로서 취침 시간과 전자기기 사용 시간을 명확히 한다는 점을 상기시켜라.
- 10대는 전자기기와 또래의 압력 때문에 일찍 잠자리에 들기가 어렵다. 이럴 때는 "네게 어려운 일이라는 걸 알아. 너를 통제하려는 건 아니지만 일찍 잠자리에 들고 싶고 도움이 필요하다면 말해줘"라고 한다. 이 경우에는 장려책을 이용해도 좋다. 당신이 원하는 것을 아이가 하게 하려는 것이 아니고, 스스로 원하지만 어려운 일을 돕기 위한 것이기 때문이다. 미묘하지만 중요한 차이다.
- 좀 더 나이가 많은 아이라면 수면 상태를 파악하는 것이 좀 더 복잡하다. 아이가 언제 잠들고 얼마나 잠든 상태를 유지했는지 평가하는 도구들은 광범위한 교육을 받아야 사용할 수 있다. 대신 불을 끄는 시간을 기록하고 아침에는 잠이 드는 데 얼마나 걸렸는지, 자다가 깬 적이 있는지를 기록하게 한다. 잠드는 데 얼마나 걸렸는지 몰라도 문제가 되지 않는다. "어젯밤에는 잠드는 게 더 쉬웠니, 어려웠니?"라고 물어보면 족하다. 핵심은 신뢰와 소통과 협력적 문제 해결법이다.
- 이런 질문을 한다. "1시간 반을 더 잤을 때 네가 하는 모든 일이

나아질 수 있다는 걸 깨닫는다면, 수면에 대한 네 생각이 바뀔까?", "충분히 자지 않으면 우울증이 생길 수 있는데, 그래도 괜찮을까?"

- 일찍 잠자리에 들기 위해서 당신이 사용하는 방법을 아이에게 이야기해준다. "서로 필요한 만큼 수면을 취할 수 있게 도와주는 건 어떨까? 너는 내게 나는 너에게 서로 수면의 중요성을 상기해주는 거야."

"6학년인 우리 아이는 카페인을 너무 많이 섭취해요."

우리는 10대의 카페인 음료 소비가 급증하는 것을 걱정 중이다. 많은 10대가 하루 800mg의 카페인을 소비한다. 이는 커피 8잔에 해당하는 양이다(메이오클리닉은 카페인 권장 소비량을 청소년의 경우 하루 최대 100mg으로, 어린이의 경우 0으로 정해두고 있다).

카페인이 어린이의 발달에 어떤 영향을 미치는지 많은 연구가 이루어지지 않았지만, 어린이에게도 카페인 내성이 생기며 이는 습관적인 소비의 원인이 된다는 점은 확실하다. 카페인은 몸 안에 수 시간 동안 머문다. 예를 들어 오전 10시에 카페인을 섭취할 경우 그 절반은 오후 4시에도 몸 안에 남아 있다. 아이들이 어른보다 빨리 대사시키긴 하지만, 체내에 오랫동안 흥분제를 담고 있다는 것은 충분히 우려할 만한 사안이다. 아이에게는 가급적 카페인 섭취를 권하지 않는다.

카페인 음료를 섭취를 막기는 대단히 힘들다. 가장 좋은 방법은

10대와 단기적으로는 긍정적이지만, 장기적으로는 부정적인 카페인의 영향에 대해 이야기를 나누는 것이다. 잠이 부족해서 졸린 10대가 카페인을 섭취하면 잠은 더 부족해진다. 청소년들도 초조와 강박적 사고, 불안, 심박수 상승 등 성인과 동일한 부작용을 경험한다. 이런 증상들은 짧은 시간에 많은 카페인을 복용할 때 더 심화된다.

아이에게 카페인 섭취 이후의 각성이나 긴장, 조바심을 주의하라고 부탁한다. 카페인의 힘으로 잠들지 않을 수는 있지만, 각성되고 머리가 맑아지는 것은 아니다. 아이들에게 정신을 맑게 만들고 활력을 주는 다른 방법, 이를테면 수면을 취하거나 운동을 하자고 한다. 자극제를 사용하지 않고 충분한 휴식을 취하기란 대부분의 어른에게도 어려운 일이라고도 설명한다. 자신의 에너지를 어떻게 관리할지 파악하는 것은 그들의 몫이다. 충분한 휴식을 취하고 자극제에 의존하지 않는 방법을 찾아낸다면 성인기에 접어들기 전부터 이미 게임에서 크게 앞서나가게 되는 것이라고 말해준다.

"저부터 올빼미형이고 우리 아이도 그래요. 적절한 시간에 잠자리에 들기 너무 힘들어요."

우리도 동의한다. 생체 리듬이 원하는 방향과 다른 상태에서는 일찍 잠자리에 들기가 쉽지 않다. 이 문제에 대해서 우리가 곧잘 인용하는 연구가 있다. 케네스 라이트는 갓 성인이 된 학생들이 평범한 일주일을 보낸 후 이어서 전자기기가 없는 상태로 일주일간 캠핑했을 때의 상태를 연구했다. 평범한 일주일을 보냈을 때 멜라토닌은 잠자리에 들기 2시간 전에 분비된 반면, 일주일간의 캠핑 후 멜라토닌의 분비는 약 2시간 앞당겨지고 취침 시간도 빨라졌다. 이 연구는 캠핑으로 '늦게 잠자리에 드는 사람(올빼미형)'과 '일찍 잠자리에 드는 사람(종달새형)' 사이의 개별적 차이도 줄어든다는 것을 발견했다. 올빼미형의 생체 시계는 전자기기에 대한 노출에 의해 지연된다. 요약하면 아이가 올빼미형인 경우, 저녁 시간부터 노출되는 빛의 양에 특히 주의를 기울이고 종달새형인 사람보다 일찍부터 노출을 줄여야 한다는 말이다. 블루라이트 필터 안경을 구매할 수도 있다. 현재는 많은 기기에 이 기능이 내장되어 있기도 하다.

"아이는 평일 새벽 6시 반에 일어나야 하는데 주말이면 12시 반까지 잠을 안 자요. 괜찮을까요?"

이 점에 대해서는 여러 가지 다른 조언이 가능하다. 주말에 평소보다 훨씬 늦게 일어나면 시차증 같은 혼란을 겪는다. 그런 이유로 수면 전문가들은 주말에도 평일보다 2시간 이상 늦게 일어나지 말고 부족한 잠은 낮잠으로 보충하라고 한다. 10대 아이에게 이상적인 수면 스케줄에 대해 이야기하고 가장 적절한 방법을 함께 모색한다. 아이에게 평일보다 2~3시간 늦게 일어날 경우 시차증 같은 기분을 느낄 것이고, 일요일 밤에 잠들기 훨씬 더 어려울 것이라고 알려줘라. 일단 아이가 부모의 이야기에 귀 기울이고 장단점을 비교한 뒤라면, 결정은 아이의 몫으로 남겨둔다.

오늘 밤 할 일

- 잠을 가족의 중요한 가치로 만들고 잠을 더 자는 것을 목표로 삼는다. 네드는 언제나 10대 학생들에게 이렇게 말한다. "자신을 위한 일을 먼저 하라." 청구서를 계산하기 전에 적금에 돈을 넣으라는 재무계획에서의 가르침을 인용한 것이다. 그는 아이들에게 말한다. "일주일에 63시간, 하루 9시간 정도 잠을 자야 한다. 그러니 거기에 맞게 계획을 세우고 나머지 시간에 무엇을 할지 계획해라." 아이에게는 물론이고 부모도 귀 기울일 만한 조언이다. 직접 겪고 있는 수면 문제에 대해 아이와 이야기하고 효과 있는 방법을 찾게 되면 아이에게 알려준다. 그리고 당신도 아이의 제안을 받아들일 준비가 되어 있다고 말한다.
- 잠자리에 들기 전에 긴장을 푸는 데 효과적인 단계적인 루틴을 가지고 있는지 평가한다. 그렇지 않다면 전문가들이 잠자기 전의 행동수칙, 수면위생이라고 부르는 것을 조사해보라. 완전히 지치기 전에 잠자리에 들 준비를 갖추도록 한다.
- 아이가 운동을 한다면, 수면이 운동수행 능력에 미치는 엄청나게 강력한 효과를 보여주는 연구들을 검색해본다. 스탠퍼드 농구선수들에 대한 연구는 야간에 8시간 이상 잠을 자는 몇 주간의 훈련 후에 모든 선수의 달리기 속도가 빨라지고 슛의 정확도가 향상되었다는 것을 발견했다. 수면 전문가의 조언에 따라 많은 NBA 팀들이 선수들이 더 많이 잘 수 있도록 아침 연습을 없앴다

는 것을 아이에게 이야기해주어라.

- 아이들이 스스로 진정시키는 법을 배우는 것이 가장 좋지만, 그것이 대단히 어려운 아이들이 있다. ADHD나 불안장애가 있는 아이들의 경우에는 특히 더 그렇다. 잠이 들기 위해서는 음악을 듣거나 심지어 TV를 봐야 하는 경우도 있다. 이상적인 방법은 아니지만 효과가 있다면 반대할 필요는 없다.
- 졸려 하는 10대라면 방과 후나 자습 시간 동안 20분 정도 낮잠을 자는 것을 권한다. 낮잠은 20분이 넘어서는 안 된다. 그렇지 않으면 정신이 혼미해지고 야간의 수면 리듬이 깨질 수 있기 때문이다. 잠자리에 들 때까지 버틸 수 있게 하는 피로회복제 정도로 생각한다.

자기 통제감이 높은 아이가 학교생활도 잘한다

················ 우리는 학교를 싫어하는 아이들을 많이 만난다. 학생들의 삶의 통제감이 매년 낮아지는 것은 우연이 아니다. 아이들의 시점에서 학교가 어떤지 잠시 생각해보자. 저학년 때는 좀 다르지만 학교에서는 결국 숙제와 줄 서기, 화장실 사용 허락받기처럼 거의 매 순간 요구받은 것을 정확히 이행해야 한다. 자율성은 찾아보기 어렵다.

우리는 아이들이 유치원에서 대학까지 학교 활동에 열성적으로 참여하고 창의적인 경험을 하길 바란다. 이를 위해 학교는 자극과 정지 시간을 균형 있게 제공해야 하고, 아이들의 자연스런 호기심을 장려하고 많은 시간을 몰입 상태에 있도록 도와야 한다. 이상적인 학교라면 교사들은 자율권을 가지고 아이들은 선택권을 가져야 한다. 물론 불행히도 현실에서는 거의 이렇지 않다.

최근에 교사들은 교수 기법의 자율성을 잃고 있다. 많은 전일제 유아원의 프로그램들이 교습 시간이 늘면 시험 점수가 오른다는 잘못된 전제를 기반으로 10분의 휴식 시간도 아까워한다. 초등학교 저학년 때부터 아이들은 숙제의 수렁에 빠진다. 고등학생이 된 아이들은 자신이 성적과 입시 결과에 따라 평가받는다고 느낀다. 모두 외적인 평가 기준이다.

교육계의 리더들과 정책 결정권자들은 "아이들의 건전한 두뇌 발달에 무엇이 필요한가?", "가장 효율적인 학습법은 무엇일까?", "읽기와 셈하기를 가르치는 최적의 시기는 언제인가?"와 같은 질문을 하지 않는다. 그들은 "이 아이가 우리 학교와 지역, 국가의 기준에 부합하기 위해선 무엇이 필요한가?"라는 질문을 하는 듯하다. 아이들의 두뇌 개발보다는 아이들의 머리에 넣을 지식에 초점이 맞춰져 있다.

이 책으로 학교 정책을 바꿀 수는 없다. 하지만 부모들이 아이들의 효과적인 옹호자가 되는 데 도움이 되는 정보를 제공할 수는 있다. 교육 시스템 자체를 바꾸지는 못하더라도 아이들의 교육 경험에 변화를 주는 구체적인 조치들은 제시할 수 있다. 이 장에서 학교 정책의 문제를 포괄적으로 다루지는 못하겠지만, 적어도 삶의 통제감이 학교에서도 얼마나 중요한지를 살필 수 있을 것이다.

그들을 끌어들인다

교육자들과 부모들의 가장 큰 화두는 역시 공부이다. 특히 중학교와 고등학교의 경우, 많은 학생이 가능한 최소의 활동을 간신히 해내고 있다. 상위권 학생 중에도 네드가 '스테이션 투 스테이션(station-to-station)'이라고 부르는, 성적에 영향이 없으면 어떤 일도 하지 않으려는 아이들이 있다. 학교에서는 호기심 많은 학습자가 아니라 지표와 결과에 매몰된 시험 기계를 키워내고 있는 것이다.

교실에서의 참여를 이끌어내기 위한 최선의 방법은 '성적과 무관한' 일에 아이의 자율성을 허락하는 것이다. 5장에서 이야기했던 자기결정 이론의 에드워드 데시와 리처드 라이언은 부모가 아이들의 자율성을 지지할 때 '학교의 일에 내면화된 삶의 통제감을 가지고, 의식적 유능감을 더 많이 느끼며, 동기부여가 뛰어나고 유능하며 학교에 잘 적응한다는 평가를 받는다'는 사실을 발견했다. 또한 그들은 대부분의 성적 지표에서도 더 좋은 결과를 낸다.

교사가 학생의 자율성을 지지하는 것도 그리 어렵지 않다. 교사가 학생들에게 간단한 선택권을 부여하는 것만으로도 가능하다. 예를 들어 "이건 수업 중에 할까, 아니면 집에서 해올래?", "이 과제는 개인적으로 할까, 아니면 짝을 지어서 할까?" 등의 방식이 있다. 학생들의 피드백을 구하거나, 학생들에게 자신에게 맞는 학습법을 탐색하도록 격려하거나, 어떤 과제를 왜 해야 하는지 잘 설명하거나, 그들이 교사에게 무엇을 바라는지 이야기하는 것도 도움이 된다.

아이들은 교사와 유대감을 형성할 때 더 노력하고 더 좋은 성과를 올린다. 하지만 모든 교사가 모든 아이와 유대감을 형성하지는 않는다. 어떤 아이와도 유대감을 갖지 않는 교사도 있다. 교사의 자율성이 없어지고 있기 때문이다. 무엇을 가르칠지, 어떻게 가르칠지에 대해서 자율성이 있을 때 교사들은 더 잘 가르치고 스트레스를 덜 느낀다. 안타깝게도 최근의 10년의 연구를 보면 교사의 자율성은 갈수록 줄고 있다.

학생과 교사의 관계가 느슨해 보일 때 부모가 할 수 있는 일이 몇 가지 있다. 우선 수업 내용으로 대화를 하거나, 자신의 관심사에 대해 교사에게 질문을 해보길 권함으로써 교사와 학생이 유대감을 강화하는 데 도움을 줄 수 있다. 물론 어쩌면 부모가 할 수 있는 가장 효과적인 일은 아이에게 자기 교육의 책임자는 다름 아닌 자기 '자신'임을 강조하는 것이다. 교사도, 교장도, 부모의 일도 아니다. 중학교 수학을 이해하기 위해선 초등학교 수학이 선행되어야 한다. 이때 중학교 수학이 어렵다고 초등학교 6학년 때 형편없는 수학 선생님을 만난 게 심정적으로 위로될까? 아이에게 아이의 탓이라고 말하라는 것이 아니다. 매년 최고의 선생님을 만나기란 현실적으로 불가능하다고 말해주라는 뜻이다. 아이들이 학교 수업을 보완할 수 있는 공부 전략을 세우도록 돕자. 그렇지 않으면 아이는 부족한 학습에 따른 불안감과 그 상황을 바꿀 수 없다는 무력감 때문에 혼란에 빠지게 될 것이다.

교사와의 유대감이 없더라도 공부하고 싶게 만들 수는 없을까? 교사가 틀렸다는 것을 입증하기 위해 더 열심히 하도록 유도할 수는 없을까? 학교가 아니어도 이것은 인생의 중요한 가르침이다.

실제적인 도움을 줄 수도 있다. 과외 선생이나 아이가 참여할 수 있는 교육 게임을 찾아보라. 중학생이나 고등학생이라면 학교에서 배우는 내용을 익히는 데 도움을 주는 온라인 학습 사이트를 알아봐도 좋다. 학교에서 교사가 수업하기 전에 내용의 일부를 '미리' 배워서 다음 수업 때 '나 이거 알아'라는 느낌을 받는 것도 도움 된다. 혼자 복습해도 좋지만, 공부한 내용을 다른 사람에게 가르쳐보도록 하는 것도 좋다. 이는 학습 내용을 온전히 체화하기에 가장 좋은 방법인 동시에 자신감과 자존감에도 크게 도움 된다.

공부에 대한 스트레스와 압박감 줄이기

1장에서 우리는 스트레스가 두뇌의 감정 기능에 미치는 영향에 대해 이야기했다. 이제 스트레스가 학습에 미치는 영향을 살펴보자.

네드가 아이들을 가르치면서 깨달은 것 중 하나는 아이들이 모의시험에서는 좋은 성적을 올려도 실제로 시험을 볼 때는 실력을 제대로 발휘하지 못한다는 점이다. 그는 그 이유를 알기 위해서 여러 책과 논문을 읽고 과학자나 심리학자들과 이야기를 나누면서 '여키스-도슨 법칙(Yerkes-Dodson Law)'을 접했다. 1900년대 초 두 심리학자 로버트 여키스와 존 도슨은 생리적, 정신적 각성이 어느 지점까지는 성과 향상에 도움되지만, 그 점을 지나면 성과가 하락한다는 것을 발견했다. 호기심,

여키스-도슨 곡선

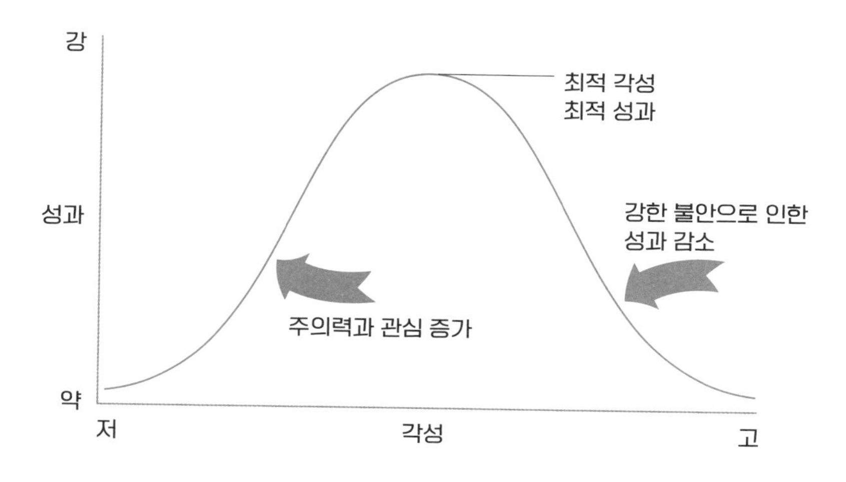

흥분, 약한 스트레스 등의 효과로 최적의 각성상태에 도달할 수 있지만, '지나치게' 스트레스를 받으면 두뇌의 효율은 떨어진다.

네드의 학생들이 학기말 과제를 할 때 보여주는 모습은 여키스-도슨 법칙의 완벽한 본보기이다. 최적의 각성을 위한 스트레스 수치 그래프를 보면 여학생들은 평균적으로 왼쪽으로, 남학생들은 오른쪽으로 치우친다. 이는 여학생들에게 최적인 스트레스 수준으로는 남학생들에게 동기를 부여할 수 없고, 남학생들에게 최적인 스트레스 수준은 여학생들에게 지나친 부담이 된다는 뜻이다. 물론 이것은 평균의 이야기이다. 아이들마다 최적의 수준은 모두 다르다. 부모에게는 동기부여가 되는 것이 아이에게는 그렇지 않을 수 있고, 부모에게는 별문제 아닌 것도 아이에게는 큰 압력이 될 수 있다는 것을 기억해야 한다.

여키스-도슨 곡선을 학교에 적용해보면 학생의 1/3은 '이완된 각성'이라고 부르는 최적의 학습 상태에 있고, 1/3은 과도한 스트레스 상태에, 나머지 1/3은 진정 상태에 가까운 지루함을 느끼는 상태에 있다. 최근의 이와 관련된 수많은 연구가 여키스-도슨 법칙을 뒷받침해왔다. 학생들은 높은 수준의 도전이 주어지되 위협은 낮은 환경에서, 즉 마음 놓고 탐색할 수 있고 실수해도 되고 충분한 시간이 주어지는 환경에서 학습 효과와 성적이 최상 수준에 이르렀다. 학생들은 실패해도 괜찮은 상황에서 위험을 감수할 수 있고, 이로써 유의미한 성장을 할 수 있다. 또 높은 수준의 성과 도출과 행복을 인지하는 두뇌의 발달도 이때에야 가능하다.

하지만 대부분의 학교가 이렇지 못하다. 오히려 두뇌에 가혹한 환경이다. 스트레스와 피로로 가득하고, 종종 높은 수준의 지루함이 동반되는 환경 말이다. 어느 한 고전에서는 전쟁을 '간간이 공포가 끼어드는 지루함의 연속'이라고 했다. 많은 학교가 전쟁터의 열화판인 것이다. 이런 환경에서 많은 학생이 학습은커녕 스트레스와 관련된 증상들로 고통을 겪고 있다. 전두엽피질에 지나친 스트레스가 밀려드는 것이다.

전두엽피질이 효과적으로 움직이기 위해서는 도파민과 노르에피네프린의 적절한 균형이 필요하다. 전두엽피질이 완벽하게 가동되지 않으면 학생들은 집중력을 유지하는 능력을 잃고 3가지 핵심적 실행 기능, 즉 억제와 작업기억, 인지유연성이 손상된다.

학습에는 특히 작업기억이 가장 중요하다. 작업기억은 정보를 조작하고 최신화하는 동안 그 정보를 머릿속에 간직한다. 그리고 현재를 과거와 미래에 연결하는, 한마디로 창의성의 열쇠이다. 이런 작업기억 자체가 곧 학습이라고도 할 수 있다. 일부 전문가들은 작업기억이 IQ를 대체하게 될 것이라고도 한다. 작업기업이 IQ보다 학업 성과나 삶의 결과를 더 잘 예측하기 때문이다. 스트레스로 작업기억이 손상된 아이들은 정보를 통합하고, 이야기의 맥락을 파악하고, 기억을 보존하기 어려워진다. 두뇌를 컴퓨터에서 프로그램이 구동되게 하는 단기 RAM 메모리로 생각해보라. 인지 부하가 너무 큰 상황은 브라우저를 여러 개 동시에 띄워놓은 것에 비유할 수 있다. 어느 지점에 이르면 컴퓨터의 속도가 느려지고 심지어 멈출 수도 있다. 지나친 스트레스도 두뇌에 이와 같은 영향을 끼친다.

네드는 간단한 계산 문제를 이용해서 아이들에게 작업기억에 대해 설명한다. 직접 해봐도 좋다. 그는 빠르게 이렇게 말한다. “1000에 40을 더해. 됐지? 다시 1000을 더하고, 30을 더하고, 1000을 더하고, 20을 더하고, 1000을 더하고, 10을 더해. 답이 뭐지?” 답이 뭐냐고 물으면 대부분의 사람이 5000이라고 말한다. 물론 정답은 4100이다. 이것은 수학과는 아무런 관련이 없다. 두뇌가 어떻게 작동하는가, 여러 정보의 조각들을 조작하는 동안 기억을 유지하기란 얼마나 어려운가를 보여줄 뿐이다. 이처럼 최적의 환경에서도 어려운 일을 스트레스가 막중한 상태에서 한다면 어떻게 되겠는가?

얼마 전 네드는 한 가족을 코칭하게 되었다. 그 가정의 딸은 정말로 힘겨워하고 있었다. 내신 성적은 물론이고 모의고사 성적은 더 형편없었다. 한마디로 스트레스가 그녀를 집어삼키고 있었다. 네드는 "열에 아홉은 걸려든다"라는 말로 그녀를 안심시키고, 앞서의 계산 퀴즈를 소개했다. 시험 출제자들이 의도적으로 파놓는 함정에 대해 알려주려 한 것이다. 하지만 퀴즈의 숫자들을 절반도 채 말하기 전에 아이의 눈에 눈물이 고였다. 수학이 그녀에게는 너무 큰 위협이었기 때문이다. 그녀의 두뇌에 필요한 것은 수학이 아니라 평온이었다.

우리는 위협받는 상황에서 논리적으로 생각할 수 있게 만들어지지 '않았다'는 것을 기억하라. 그럴 때면 우리는 죽기 살기로 도망가거나 맞서 싸워야 한다. 혼자 자리에 선 채로 반 친구들 앞에서 망신당할까 겁먹은 아이는 그 순간에 배웠던 내용을 전혀 떠올릴 수 없다. 생존은 언제나 학습에 우선한다.

학교는 아이들의 도전을 이끌어야 하지만, 수용적이고 응원하는 환경에서 그렇게 해야 한다. 이 환경이 어떤 모습일지는 조금씩 다를 수 있겠지만, 확인을 위한 질문은 같다. 아이가 학교에서 신체적, 정서적으로 안전하다는 느낌을 받는가? 학교에서의 일에 통제감을 가지는가? 아이의 실수가 허용되는가? 아이들에게 중요한 것은 스스로를 발달시키는 것이지, 완벽한 점수를 받는 것이 아님을 상기시켜줘야 한다. 아이가 균형감 있는 관점을 가지도록 도와주어라.

마지막으로, 아이의 학업 스트레스를 최소화하기 위해 부모가 할 수 있는 최고의 일은 그 스트레스를 부모 자신의 것으로 여기지 않는 것이다. 혹 그렇게 했다면 아이에게 진심을 담아 사과해야 한다.

학생과 어른이 함께 학교에서의 스트레스를 줄이기 위해 노력해야 한다. 학생과 교사, 행정가, 부모가 포함된 스트레스 감소 팀을 만들기를 권장한다. 빌이 교직원들을 대상으로 두뇌에 스트레스가 미치는 영향에 대한 강의를 처음으로 했을 때의 일이다. 강의가 끝난 후 그 학교의 교감은 빌을 따로 불러 행정 직원들의 스트레스가 엄청나다면서 정신 건강이 염려된다고 이야기했다. 이처럼 학교에서의 스트레스는 학생만의 문제가 아니다. 이들 팀은 학생과 교사의 자율권을 보장하고, 학교 일과 중에 정지시간을 가질 기회를 늘리며, 방과 후 활동을 조율하는 데에 초점을 맞출 수 있을 것이다.

의욕은 고취하지만 강요하지 않는 정도의 숙제

우리는 숙제에 짓눌린 느낌을 받는 무수한 아이들을 만나보았다. 심지어 그 수는 지난 30년 동안 급증했다. 저학년의 경우 증가세가 더욱 뚜렷하다. 최근의 연구는 유치원에서 초등학교 3학년까지의 학생들이 전미교육협회, 전미학부모협의회가 권장하는 양의 최대 3배에 이르는 숙제가 부과되는 것을 발견했다. 유치원생은 매일 35분, 중학생들은 2시간 반 정도 일류 고등학교의 학생은 매일 3시간 이상 숙제에 시간을 썼다. 하지만 조사 대상자의 20~30%만이 숙제가 “유용하거나 의미가 있다”라고 답했다.

한 세기에 가까운 연구에도 불구하고 숙제가 초등학교 학생들의 학습에 큰 기여를 한다는 설득력 있는 증거는 발견되지 않았다. 그런데도 왜 어린 학생들이 숙제에 짓눌려야 할까? 연구 결과들은 가장 긍정적인 잣대로도 숙제의 효과는 상당히 제한적이라고 한다. 하루 1~2시간의 숙제는 중고등학생의 학문적 성과에 도움을 줄 수 있지만, 그 이상은 역효과만 낸다.

우리의 좌우명은 '의욕을 고취하지만 요구하지는 않는 것'이다. 몇몇 연구는 아이들은 공부할 주제에 대한 통제력을 가질 때 공부에 더 몰두하고 과제를 끝마칠 가능성이 더 높다는 것을 보여준다. 숙제를 자율적으로 하면서도 점수는 반영하지 않아야 하는 이유이기도 하다. 숙제, 혹은 학습에 도움이 되는 대안적 과제를 권하고 아이들을 격려하되 점수 매기기는 지양하길 권한다. 교사들은 과제를 줄 때 그것을 하게 되면 어떤 이득이 있는지 설명하고 학생들의 피드백과 제안을 들어야만 한다. '내일까지 연습문제 10개 풀어오기'라는 접근법과는 큰 차이가 있다. 가장 이상적인 경우라면 이렇게 말할 것이다. "방과 후에 이 부분을 20분만 공부하면 오늘 잠잘 때 너희 뇌가 배운 것을 이해하고 기억하는 데 큰 도움이 될 거야. 하지만 너무 피곤하거나 스트레스를 받는다면 꼭 하지 않아도 돼. 다시 정신이 맑아지면 언제든 다시 할 수 있으니까."

세계 최고 수준의 교육 성과를 자랑하는 핀란드에서는 의무적인 숙제의 양이 매우 적다. 하루에 30분 이상이 걸리는 경우가 드물다. 핀란드 교육의 전문가 파시 살베리는 대부분의 초등학생이 학교를 떠나기 전에 숙제를 마치며 핀란드의 중학생들은 사교육을 받지 않는다고 말한다. 그는 읽기, 수학, 과학에서 비슷한 성적을 올리는 아시아의 학생들이 학교 밖에서 사교육에 많은 시간을 투자하는 것과 대비되게, 핀란드 학생의 놀라운 성과는 적은 시간 투자 덕이라고 지적한다.

아이의 학교가 핀란드와 정반대되는 접근법을 취하고 있을 때는 어떻게 할까? 여건이 허락된다면 두뇌 중심의 학습에 집중하는 학교, 점수를 따지기보다 탐구심이 많은 학습자를 키워내는 학교로 전학을 시도해볼 법하다. 숙제가 부담되거나 아이가 과도한 스트레스를 받고 있다면 부모가 개입해볼 수도 있다. 학교에서는 그들이 검증된 이론을 바탕으로 정책을 사용하고 있다고 말할 것이다. 그렇다면 교장에게 학교의 숙제 정책을 뒷받침하는 근거가 무엇인지 물어라. 그리고 사라 베넷과 낸시 칼라쉬의 책 《숙제 반대론(The Case Against Homework)》의 문장을 사용해보자.

"우리 아이에게는 효과가 없습니다."

아이에게 숙제하지 않는 특권을 허용하는 방법도 있다. 교사가 지나친 숙제를 내주었고 개입이 효과가 없었을 경우, 숙제하지 않는 것의 득과 실에 대해서 의논해보는 것도 좋다. 당신에게 어떤 것이 가장 중요한가? 아이의 행복인가, 특정 교사가 주는 점수인가?

아이들이 준비되었을 때 가르친다

마리의 딸 에밀리는 얼마 전 유치원에 들어갔다. 에밀리가 입학한 유치원은 토끼 만지기와 마카로니로 작품 만들기 같은 교육과정을 운영했다. 에밀리는 읽기 공부에 전혀 관심이 없었고 춤과 노래를 좋아했으며 바비 인형만 있으면 몇 시간이고 놀 수 있었다. 에밀리의 언니는 유치원에 들어가기 전부터 책을 줄줄 읽었기 때문에 마리는 에밀리가 걱정되기 시작했다. 마리가 다른 엄마에게 그 이야기를 하자, 그녀의 친구 역시 자신의 두 딸에게 같은 걱정이 있다고 털어놓았다. 둘째 딸이 글을 잘 읽지 못하는 것이 자신의 탓이 아닌지 의문이 든다는 것이었다.

이런 상황은 부모를 미치게 만든다. 과학이나 논리가 아니라 두려움, 경쟁, 압력에 따라 판단하고 있기 때문이다. 이 불안은 부모들만이 아니라 아이들도 느낀다. 아이들이 정규 교육을 시작하기도 전에 비교의 잣대를 들이댄다. 선행학습이 더 좋은 성과를 낸다는 잘못된 전제에 따른 생각이다. 7세에 글을 배우는 게 더 효율적이고, 일찍 글을 배우는 이점이 얼마 못 가 사라진다는 명확한 증거들이 있는데도 우리는 아이가 5살일 때부터 읽는 법을 못 가르쳐 안달이다.

과거에는 선행학습이었던 것이 이제 보통이 되고, 따라가기 버겁거나 아직 준비되지 않은 아이들은 모자라다고 평가한다. 배울 준비가 되지 않은 아이들은 좌절감과 당혹감, 낮은 삶의 통제감을 경험한다.

학교는 변화했지만 아이들은 그렇지 않다. 오늘날의 5세 아이들은 아이들의 발달 상태를 측정하기 시작한 1925년의 5세 아이들과 근본적으로 다를 게 없다. 현재의 아이들은 1925년에 살던 아이들과 같은 나이에 사각형과 삼각형을 그릴 수 있고, 동전을 몇 개 세었는지 기억할 수 있다.

이런 기본적 지표들은 아이들이 글과 셈을 배울 준비가 되었음을 시사한다. 물론 보통보다 빠른 학습 능력을 보여주는 아이들도 있지만, 덧셈을 제대로 이해하려면 먼저 숫자를 기억할 수 있어야 하고, K와 R이라는 문자를 인지하고 쓸 수 있으려면 삼각형을 구성하는 선분을 구분할 수 있어야 한다. 문제는 1920년대와 1970년대의 아이들은 이 나이 때 자유롭게 놀면서 자기통제와 같은 핵심 기술의 토대를 닦은 반면, 오늘날의 아이들은 그 시간에 글과 셈 공부를 하고 있다.

사실은 외국어를 제외하면 어떤 것이든 나이가 들수록 배우기가 더 쉽다. 두뇌가 발달하기 때문이다. 어떤 작업이든 좋은 도구가 있으면 더 쉽게 처리할 수 있다. 날이 무딘 톱으로도 탁자를 만들 수는 있다. 하지만 시간이 오래 걸리고 재미도 없으며 나중에 고치기 힘든 버릇이 들 수도 있다. 실제로 아이에게 이른 선행학습을 시킬 때 관찰되는 문제 중 하나는 연필을 잘못 쥐는 것이다. 연필을 제대로 잡기란 사실 대단히 어렵다. 둘째, 셋째 손가락과 엄지 끝 사이에 연필을 가볍게 쥐고 흔들리지 않게 하면서 손가락 끝만을 사용해서 가로와 세로로 움직이기 위해서는 정교한 운동기능이 필요하다. 아주 이른 나이부터 글을 썼던 20명의 아이 중 17명이 잘못된 방식으로 연필을 잡았고, 이를 교정하기 위해 커다란 노력이 필요했다. 생각해보라. 발달 단계에 대해서는 전혀 고려치 않고 "네 살짜리 아이들에게 글을 가르치면 좋을 것 같지 않아?"라고 말하는 일부 어른들 때문에 아이들의 85%가 필요 없었을 도움이 필요해졌고, 부모들은 안 써도 될 돈을 썼으며, 서로가 스트레스를 받았다.

중학교 2학년 학생이 3학년 수준의 과학 수업과 고등학교 1학년 수준의 문학 작품을 읽는다. 워싱턴 D.C. 외곽 몽고메리 카운티의 교육구에서는 중학교 3학년이 배우는 대수학을 2학년에게 가르치고, 최종적으로 중학교 1학년에게 대입에 필요한 모든 대수학을 가르치려고도 한다.

물론 이 시도는 완전히 실패했다. 기말시험에서 4명 중 3명이 낙제한 것이다. 대부분의 중학교 2학년 학생은 대수학을 익힐 만큼 추상적인 사고력이 발달되지 않았다. 역사적으로도 10대 후반이 되어서야 대학에 들어갔다. 그때 대학 공부를 할 준비가 되기 때문이다. 언제든 예외는 있지만, 대부분의 14세 아이들은 대학 공부를 할 만큼 두뇌가 발달되어 있지 않다. 아이러니하게도 우리의 의식이 퇴보하는 만큼 아이들에게 선행학습을 시키려 한다.

네드에게는 고등학교에 입학하자마자 아이의 대학 시험을 준비하려는 부모들의 요청이 쇄도한다. 네드는 그들에게 선행학습에 시간과 돈을 쓰는 것은 큰 실수라고 조언한다. 아이들은 나이에 알맞은 기술을 개발하고 학교에서 지식을 습득하다가, 고등학교 2학년 때 시험 준비를 시작하는 편이 훨씬 낫다. 지나치게 일찍 시험을 준비할 필요는 전혀 없다. 이는 오히려 커다란 역효과를 낸다. 14살짜리를 앉혀놓고 퇴직연금에 대해 설명하는 것이나 마찬가지다.

여기에서 중심이 되는 것은 '이른 것이 반드시 좋은 것은 아니며, 마찬가지로 지나치게 많은 것도 항상 좋은 것은 아니다'라는 반 직관적 메시지이다. 다음은 모든 부모가 내면화해야 할 내용이다.

- 가능하다면 발달 단계에 주의를 기울여 교육과정을 짜고 아이에게 적합한 학교를 선택한다. 큰 물고기 작은 연못 효과가 확연하게 나타나는 아이들이 있다. 이런 아이들은 작은 연못 속에서 휩쓸릴지 모른다는 두려움 없이 물살에 맞설 수 있는 자신감을 얻는다. 그들은 더 강하게 성장하고 스스로의 강인함을 느낀다. 그들이 더 큰 연못을 필요로 할 때 도와줘도 늦지 않다.
- 불안을 내려놓고 긴 안목을 갖는다. 주위에 그런 사람이 없더라도 말이다. 5살에 글을 배웠다고 해서 9살 때 다른 아이들보다 글을 잘 읽을 수 있을지는 모른다. 빌은 딸이 5살일 때 아이의 친구 몇몇이 글을 배우기 시작하는 것을 보고 충격에 빠졌다. 빌과 아내는 7살이 되면 5살 때보다 훨씬 쉽게 글을 배울 수 있다는 것, 그리고 너무 이른 선행학습이 해로우며 장기적으로 해가 된다는 것도 알고 있었다. 그런데도 딸의 미래를 망치고 있는 것이 아닌가 걱정되었다. 하지만 그들은 원래의 방침을 고수했고, 4학년 때까지 숙제를 주지 않고 공부를 강요하지 않는 학교에 보냈다. 출발을 서두르지 않았지만, 그녀는 26세에 시카고대학에서 경제학 박사학위를 받아서 경제학자로 성공적인 경력을 쌓고 있다. 빌은 이 이야기를 즐겨 한다. 자랑이 아니라 자신이 잘못된

방향으로 가고 있다는 것을 알면서도 그 흐름을 거스르기란 쉽지 않다는 것을 강조하기 위해서다.

- 선행학습의 이득은 시간이 지나면서 사라진다는 것을 기억하라. 부모들은 빌에게 3학년인 자녀가 4, 5학년 수학을 한다고 종종 이야기한다. 하지만 그는 26세 된 자녀가 대부분의 28세인 사람들보다 앞서 있다는 이야기는 하지 않는다.
- 선행학습에 집착하지 말라. 선행학습을 더 많이 듣느라 자녀의 정신 건강과 수면을 희생해봤자 어떤 득도 없다. 같은 이유로, 아이는 대학생 때 《모비 딕》을 읽고 더 많은 것을 느낄 수 있다. 전두엽피질의 성숙도를 고려할 때, 대다수 학생은 나이가 들어야 성인을 대상으로 하는 소설을 이해하고 진가를 알아볼 수 있다. 복잡한 과학적 이론과 자료, 정량적 개념, 역사적 주제 역시 그렇다. 성인이 되어야 더 쉽게 이해할 수 있다는 뜻이다.

적절한 방식의 시험

우리 두 사람은 아이들을 시험하는 일이 업이다. 때문에 시험 자체에 반대하는 입장은 아니다. 우리는 시험과 함께 살고 숨 쉬며, 적절하다면 시험이 대단히 유용한 도구가 될 수 있다고 생각한다.

신경학자들은 "함께 활성화되는 신경들은 함께 연결된다"라는 말을 좋아한다. 우리가 '의도적인 노력을 기울여' 반복적으로 하는 일은 우리의 두뇌에 보다 빨리 각인된다. 워싱턴대학의 심리학자이자 시험 분야의 전문가인 헨리 뢰디거에 따르면 '시험'은 부정적인 뜻을 담고 있지만 이용할 수 있는 가장 강력한 학습 도구이기도 하다. 그의 관찰대로 어떤 사실이나 개념을 떠올리기 위해 애를 쓰는 행동은 단순히 필기를 읽는 것보다 기억을 훨씬 더 강화한다. 뢰디거는 이렇게 말한다. "시험은 지식을 측정할 뿐 아니라 변화시킨다."

시험은 놓치고 있는 것을 깨닫게 하고, 학습 시간을 어디에 투자해야 하는지 알려준다. 아는 것, 혹은 모르는 것의 개념을 명확히 하는 데 객관적인 피드백만큼 좋은 것은 없다. 시험은 시험에 대한 불안도 줄여준다. 혼자 혹은 스터디 그룹에서 자신을 시험해보는 것은 스스로를 일정한 압박하에 두는 것이다. 이렇게 약한 압력에 익숙해지면 실제 시험의 스트레스와 마주할 때도 도움 된다.

하지만 지금과 같은 학교의 표준화 시험에는 상당한 문제가 있다. 현재의 시험 제도를 지지하는 대부분의 정책 결정권자들은 정치인이지 교육자가 아니다. 그들은 책임, 기대 수준의 향상, 격차의 해소, '상향식 경쟁'에 대해서만 떠든다. 지나친 표준화 시험이 교육에 비효과적이라는 연구 결과는 거의 언급하지 않는다. 파시 살베리는 대다수 나라가 시행 중인 시험 중심의 제도는 결국 시험 점수의 하락으로 이어졌음을 지적했다. 반대로 고도로 숙련된 교사, 협력, 학교 중심의 교육과정, 신뢰를 기반으로 하는 교육자들의 리더십 스타일에 집중하기로 선택한 핀란드의 시험 점수는 높아졌다.

교사의 관점에서 시험에 대해 생각해보자. 시험이 목표인 이상 교사들에게는 자율성이 허락되지 않는다. 동료 교사들을 동료가 아닌 경쟁자로 보고, 학생들을 승진을 위협하는 장애물로 볼 수도 있다. 학생의 행복을 시험 점수보다 중요하게 생각할 만한 요인이 없기 때문이다. 대부분의 시험 결과는 교사와 학군을 전체적으로 평가하는 데 사용될 뿐이고, 이 모든 것이 교사와 학생의 유대를 가로막는다.

아이들, 부모, 교사에게 더 많은 스트레스를 주고 삶의 통제감을 떨어뜨리는 모든 일은 실패할 수밖에 없다. 시험에 대한 집착은 교육을 보다 편협하고 불만스럽게 만든다. 학생들에게는 매일 기대감이 있어야 한다. 하지만 지금 같은 상황에서는 선택 과목을 고민할 시간에 시험을 준비해야 한다. 아이들이 기대할만한 일들이 없어지는 것이다.

미술, 음악, 기술, 연극 등 시험과 무관한 과목에서 빛을 발하는 아이들이 있다. 이런 과목들은 지표와 결과에만 집착하는 스테이션 투 스테이션 방식과는 거리가 멀다. 조금씩 더 나은 제품이나 작품을 만들어 가는 것이다. 동기부여의 관점에서 보면 기하학을 싫어하는 아이가 합창단, 밴드, 미술, 기술 수업이 다가온다는 것을 안다면 기쁜 마음에 피타고라스의 정리를 좀 더 즐겁게 배울 수 있을지도 모른다.

아이가 원하지 않는다면 시험을 거부하라고 말하는 것이 아니다. 아이에게 시험의 득실에 관해 설명해주고 아이가 선택하도록 해야 한다는 말이다.

아이가 표준화 시험을 보기로 선택했다면 그 시험에 어떤 가치가 있으며 그 시험에 관해 오해할 수 있는 지점들이 있다면 명확히 알려주어야 한다. 시험은 기술과 지식을 판단하고 교사에게 지침을 제공하는 데만 사용되어야 한다. 시험은 학생의 지능을 표시하는 수단이 아니다. 아이가 그 점을 알고 있는지 확인해야 한다.

학교에서 삶의 통제감을 높일 수 있는 방법

학교는 시험 점수보다는 아이의 두뇌 발달에 더 집중해야 한다. 학교는 학업 스트레스를 줄이고, 학생들 스스로의 이해와 통제를 촉진하고, 자율성을 고취해 동기부여를 극대화하고, 수업 내용의 모든 측면을 예술적으로 통합해 참여를 극대화할 방법을 찾아야 한다.

스트레스가 작은 학교 환경을 만드는 일을 선도하는 수많은 프로그램이 있다. 우리가 6장에서 언급했던 정지시간 프로그램도 여기에 포함된다. 이 프로그램은 2009년, 늘 자금 부족에 시달리는 샌프란시스코 도심 소재의 비지테이션 밸리 중학교에서 처음 시행되었다. 학생들은 매일 2번씩 15분 동안 초월명상을 실천했다. 빌이 2011년에 이 학교를 처음 방문했을 때는 소란을 일으켜 교실에서 쫓겨난 30명 정도의 학생들이 항상 상담실 앞에 서 있곤 했다. 하지만 명상 이후 단 2년 만에 상담실 앞에는 아무도 서 있지 않게 되었다. 캘리포니아를 비롯한 전국의 다른 많은 학교가 정지시간 프로그램을 채택했고 훌륭한 결과를 내고 있다. 정지시간은 학내의 문제해결에 충분한 자금을 쏟을 수 없는 학교는 물론 정반대의 학교에서도 유용하다. 시카고의 한 명문 고등학교의 관리자는 빌에게 정지시간 프로그램을 채택했다고 이야기하면서 이렇게 말했다. "더는 스트레스로 인한 정신 건강 문제로 학생을 병원에 보낼 수 없었어요."

일부 학교는 '조정지대(Zones of Regulation)' 같은 프로그램을 통해 학교 교육과정 전반에 마음챙김 실천법을 통합하거나 학생들에게 마음챙김 깨달음을 가르침으로써 자기규제를 돕고 있다. 이 프로그램에서 아이들은 자기 몸의 신호를 인지할 수 있게 교육받는다. '레드 존'에 있을 때의 아이들은 강한 감정을 느끼고 감정적으로 변한다. '옐로우 존' 역시 고조된 상태이지만 행동에 대한 통제력은 있는 편이다. '그린 존'에서는 차분함을 느끼며 집중력이 있는 각성상태에 들어간다. 그린 존은 학습에 가장 좋은 상태로, 도전을 받고 있지만, 그 도전이 과도하지 않은 지점이다. 마지막으로 아이들이 지루함과 피곤함, 슬픔을 느끼는 '블루 존'도 있다. 우리는 1~2학년 학생들이 휴식 시간을 마치고 들뜬 상태로 교실로 들어오는 모습을 지켜보았다. 선생님이 그린 존으로 들어갈 시간이라고 말하고 아이들에게 심호흡하면서 몸을 안정시키자고 말했다. 이 방법은 효과가 있었다.

고등학교 체육 수업을 체력 훈련으로 대체해서 활발한 운동이 주는 엄청난 인식력 향상 효과를 이용하거나, 성장형 사고방식 개발을 위한 캐롤 드웩의 접근법을 사용하는 학교도 있다. 우리는 이 모든 프로그램(과 건전한 통제의식의 발달을 촉진하는 다른 접근법들)을 강력히 지지한다.

우리가 옹호하는 접근법이 언제나 받아들여지는 것은 아니다. 미국뿐 아니라 전세계의 어느 학교에나 결승점을 향한 무조건적인 경주가 만연해 있다. 빌은 우울증 약을 복용하면서까지 대학 진학에 매달리는 10대들을 보았다. 그들은 명문대에 들어가면 모든 게 좋아질 거라고 이야기했다. 하지만 당연히, 현실은 전혀 그렇지 않다. 로버트 사폴스키의 말대로 우울증은 잔인하고 끔찍한 질병이다. 과도한 피로와 스트레스로 우울증이 생겼다면, 합격 통지서 따위로는 결코 보상받을 수 없을 만큼 큰 대가를 지불한 셈이다. 입학은 대학 생활의 시작점일 뿐이다. 진짜 대학 생활은 입학 이후에 시작된다.

오늘 밤 할 일

- 아이들에게 배움에 대한 책임이 스스로에게 있다는 것을 가르쳐라. 아이들은 자신이 교육의 '대상'이 아니라는 것을 깨닫고 책임감을 느껴야 한다.
- 아이가 교사로부터 배움을 얻지 못하고 있다면 당신도 이해한다는 것을 표현해야 한다. 단 교사를 탓하지는 말라. "선생님은 최선을 다하고 계셔. 네가 잘 배울 수 있는 방식대로 가르치는 방법을 모르실 뿐이야." 학교에서 배우는 내용을 적절히 익히려면 어떤 식의 동기가 필요한지 생각해보게 한다.
- 아이에게 큰 그림을 상기시킨다. 아이에게 학생이나 인간으로서 어떻게 성장하느냐가 점수보다 중요함을 다시 한번 말해준다.

스마트폰 전쟁에서 윈윈하는 방법

최근 가장 많이 듣는 질문은 이것이다. “아이가 게임하는 시간을 어떻게 줄일 수 있을까요?”

오늘날 대부분의 청소년이 스마트폰을 사용한다. 따라서 비디오게임과 SNS를 하는 시간을 제한하기가 훨씬 더 어려워졌다. 대부분의 미국 아이들은 7세까지 1년에 달하는 시간을 화면 앞에서 보낸다. 방과 후에 친구들과 직접 대면하며 어울리는 10대는 35%에 불과하고 서로 전화로 대화를 나누는 비율도 비슷한 수준이며, 63%는 주로 메시지를 교환한다.

8~10세 어린이는 하루 중 7시간 30분 동안 화면을 본다. 이것만으로도 대단히 긴 시간이지만 11~14세가 되면 그 시간은 11시간 30분으

로 늘어난다. 이는 이 세대의 사회, 인지 발달 대부분이 화면을 통해서 일어난다는 뜻이다. 이처럼 기술 중독은 젊은 세대에게 새로운 표준이 되었다. 대부분의 청년은 SNS를 몇 시간만 이용할 수 없어도 공황 상태에 빠진다. 일부 부모는 이런 상황에 어안이 벙벙해진다. 심리학자로 아이들의 기기 이용에 대한 부모 교육 프로그램을 만든 애덤 플레터는 아이들의 기기 사용에 대한 결정은 다른 양육 결정과 다르다고 지적한다. 부모들이 아이들의 손에 쥐어져 있는 도구들에 대해서 잘 알지 못하기 때문이다.

기술이라는 양날의 검

최근에 한 아버지는 온종일 게임만 하는 아들 때문에 크게 걱정하고 있었다. "사정도 해보고 달래도 봤어요. 아무것도 효과가 없었어요. 아이는 온종일 방에만 있어요. 가족 누구에게도 말을 하지 않아요. 컴퓨터상에서 낯선 사람에게 외치는 소리만 들려요."

문제는 게임 자체보다 아들이 자기를 고립시키고 가족 중 누구와도 대화를 하지 않는다는 점이었다.

기술이 삶을 얼마나 풍요롭게 만들었는지는 말할 필요도 없다. 하지만 동시에 가족이나 친구와의 시간, 신체 활동, 수면 등 대단히 소중한 것들을 밀어내고 있다. 기술은 끊임없는 자극을 기대하도록 두뇌를 길들인다. 애덤 알터는 자신의 책 《멈추지 못하는 사람들》에서 기술 전문가 대부분이 자신의 아이들은 기술을 이용하지 않길 바란다는 신랄한 지적을 했다. 기술 전문가들은 아이들을 교실에서 기기 사용을 금지하는 발도로프 학교에 보내고, 12세까지는 가정에서의 기기 사용도 금지한다. 기술계의 제왕이라 할 수 있는 스티브 잡스는 자기 자녀들의 기기 사용을 제한하는 데 주의를 기울였고 자녀에게 아이패드도 주지 않았다. 기술잡지 〈와이어드〉의 전 편집장 크리스 앤더슨은 〈뉴욕타임스〉의 닉 빌튼에게 이렇게 말했다. "우리 아이들은 저와 아내를 파시스트라고 말해요. 기술에 대해서 지나치게 걱정을 한다고요. 우리가 기술의 위험을 직접 보고 겪었기 때문이죠. 아이들에게 그런 일이 일어나는 것을 원치 않아요."

기술이 빠르게 발달하는 만큼, 그 영향에 대해서도 많은 연구가 이뤄지고 있다. 지속적인 기술 사용이 어린아이들의 두뇌에 주는 영향에 대해서도 일반 대중이 생각보다 많은 것이 밝혀졌다. 비디오게임이 세상을 구할 것이라고 생각하는 사람도 있고, 기술이 우리를 죽이고 있다고 확신하는 사람도 있다. 이 장에서는 이 두 관점의 이면을 탐구할 것이다.

기술은 따라잡기 벅차고 혼란스럽고 무력감까지 불러일으킨다. 하지만 기술은 엄청난 기회이기도 하다. 전자기기는 잘 길들이면 삶에 즐거움과 가능성을 가져다줄 수 있는 야수로 생각해야 한다. 야수를 길들이는 방법을 찾는다면 아이들은 긴 세월을 함께하게 될 강력한 힘을 얻게 될 것이다. 그 방법은 아이에게 '책임'을 가르칠 수 있는가에 달렸다.

10대들은 또래와 계속 연결된 상태를 유지하는 데서 희열을 느낀다. 연애편지나 비밀스런 쪽지 같은 것은 이미 옛날 일이다. 요즘 아이들은 SNS를 통해 언제 어디서나 바로 서로에게 연락한다. 심지어 수줍음이 많은 아이도 온라인 교류는 좀 더 적극성을 띤다. 스터디 그룹이나 필기 공유로 학교 공부에도 도움을 받을 수 있다.

몇 년 전만 해도 비디오게임에 많은 시간을 투자하는 청소년들에게는 미래가 없는 것처럼 보였다. 그러나 비디오게임이 200억 달러 규모의 사업으로 성장하면서 상황이 바뀌고 있다. 이는 게임과 연관된 많은 직업이 있으며 게임으로 생계를 유지할 수 있다는 의미이기도 하다. 비디오게임 대회의 전체 시장은 수백만 달러의 가치를 가지고 있다. 빌은 쌍방향 전략 게임을 하며 많은 시간을 보내는 21세 청년과 상담을 한 적이 있었다. 그는 전 세계 1%에 해당하는 실력을 갖추고 있었지만, 그의 표현에 따르면 직업 게이머가 되기에는 실력이 부족했다. 대신 그는 게이머들을 관리하는 에이전트나 게임 해설가가 되겠다는 계획이 있었다.

대부분의 비디오게임이 주는 재미는 패턴 탐지, 눈과 손의 협응성, 가설 구성 같은 인지 기술을 발휘해야 하는 '어려운 재미'이다. 복강경 수술을 하는 외과의사 중에 일주일에 3시간 이상 비디오게임을 즐기는 의사가, 게임을 하지 않는 의사에 비해 수술에서 실수하는 비율이 37% 낮은 이유도 여기에서 설명된다. 이 분야의 저명한 연구자인 다프네 바벨리어는 액션 게임에서는 빠른 판단과 주의 분산, 집중적인 몰입이 필요하다고 한다. 그녀의 연구팀은 일주일에 5~15시간 1인칭 슈팅 게임을 하는 사람들이 특이점을 인식하고 지형지물을 기억하는 능력이 더 뛰어나다는 것을 발견했다.

게임 디자이너이자 강연자, 작가로 게임의 열렬한 지지자인 제인 맥고니걸은 게임을 통해 4가지 유용한 특성이 발달한다고 주장한다.

- 긴급한 낙관주의 장애를 해결하기 위해 즉각적으로 행동하고 싶은 욕망, 성공할 수 있다는 확신이 수반된다.
- 사회성 향상 게임을 함께 한 사람들을 더 좋아한다. 지는 경우라도 말이다. 함께 게임을 하는 자체로 신뢰가 형성된다.
- 행복한 생산성 긴장을 풀거나 빈둥거리는 것보다 이기기 위해 열심히 노력할 때 더 큰 행복감을 얻는다.
- 서사적 의미 게이머들은 경외심을 불러일으키는 임무에 애착을 갖는다.

맥고니걸은 이 4가지 힘이 '대단히 자율적이고 희망적인 개인'을 만든다고 한다. 뇌과학적 관점에서, 비디오게임은 도파민을 급증시키고 몰입의 상태를 유도한다. 아이들은 비디오게임을 하며 장시간 동안 주의를 집중하고 골똘히 생각하게 되는데, 이때 가장 강력한 삶의 통제감을 경험한다. 게임 디자이너들은 게임의 난이도를 플레이어의 숙련도에 맞추어 조정해 집중, 노력, 참여를 위한 완벽한 배경을 만듦으로써 '전면적 몰두(total immersion)'를 유발한다.

또 게임에서는 실수가 당연하고, 실수는 새로운 기술을 배우는 디딤돌 역할을 한다. 즉 실수에 안전한 환경을 제공하는 것이다. 과학자들은 게임이 자신감과 삶의 통제감에 대한 욕구를 충족시키며 다중 사용자 게임의 경우는 관계 욕구까지 충족시킨다는 결론을 내렸다. 물론 5장에서 말했듯, 이 모든 것이 중요한 동기 유발 요인이다.

이 분야에 많은 연구가 진행 중이지만 비디오게임에서 느끼는 삶의 통제감과 동기가 실제 생활에서도 적용되는지에 관한 설득력 있는 증거는 아직 존재하지 않는다. 외과수술 능력 개선이라는 예외 이외에는 게임과 무관한 과제에서 집중력이 향상된다는 증거가 없다. 맥고니걸조차 게이머의 4가지 특성이 우리가 실제로 살아가는 세상에서는 그리 많이 드러나지 않는다고 인정한다.

기술이 우리의 두뇌를 변화시킨다는 증거는 존재한다. 두뇌에서 가장 최근에 진화된 '플라스틱' 부분은 경험에 즉각 반응하고 변화한다. 기술로 인해 오늘날의 아이들은 시각적 이미지를 더 잘 기억하고, 디지털 세상에서 방향을 찾고 해독하는 일에 더 나은 재능을 지니고 있다. 디지털의 공세는 아이들이 글을 읽는 방식에까지 변화를 불러왔다. 읽기는 줄에서 줄로, 페이지에서 페이지로 이동하는, 선형적인 작업이었다.

하지만 컴퓨터 앞에서 많은 시간을 보내는 사람들은 글을 다르게 읽는다. 그들은 키워드와 링크를 찾는다. 글을 스치듯 훑어본다. 독서와 두뇌를 다룬 명저《책 읽는 뇌》를 쓴 과학자 매리언 울프는 자신의 뇌에서 이런 변화된 패턴들을 발견했다. 그녀는 온종일 컴퓨터 작업을 한 후에 길고 복잡한 소설을 읽었던 경험을 이렇게 말했다. "내용을 건너뛰고 키워드를 집어내고, 정보를 최대한 빠르게 파악하도록 눈을 멈출 수 없었다. 속도를 늦출 수가 없었다." 이런 독서 스타일의 변화는 모두에게 영향을 미치지만, 그 영향이 가장 큰 대상은 책보다 아이패드를, 백과사전보다 위키피디아를 보며 자란 아이들이다.

실험심리학자 래리 로젠과 교육 컨설턴트 이안 주크스는 기술에 대한 노출로 인해 아이들의 두뇌는 부모나 이전 세대 아이들의 두뇌와 '완전히 다르게' 움직인다고 말한다. 많은 아이들이 1분도 지루함을 참지 못하고 한 번에 하나의 일만 하지 못한다. 하지만 흥미롭게도 우리 두뇌의 좀 더 원시적인 부분들은 10만 년 전과 크게 다르지 않다. 우리의 스트레스 반응은 우리 조상이 호랑이를 마주쳤을 때와 거의 같다. 여전히 우리의 편도체가 활성화되면서 똑같은 경직, 투쟁, 도피 반응을 시작한다. 유아가 부모와 안정적인 유대를 개발하는 두뇌 시스템은 대면 상호작용에 좌우된다. 우리의 생리적 시계를 움직이고 수면욕을 결정하는 두뇌 시스템에는 거의 변화가 없다. 이는 기술이 두뇌의 일부를 더 낫게 변화시킬 수는 있지만, 동시에 다른 부분이 필요로 하는 것들을 갉아먹고 결국 우리를 불리한 방향으로 이끈다는 의미이다.

의도하지 않은 기술의 폐해

조지 비어드는 상당히 오래 전인 1881년에 점점 더 많은 미국인이 신경과민증에 시달리는 이유에 대한 이론을 제기했다. 그는 기술을 문제로 꼽았다. 철도나 전보 같은 새로운 '편의'가 삶을 가속시키면서 사람들이 회중시계 같은 세부적인 사항에 더 관심을 가진다는 것이었다.

기술의 발달로 여가가 늘기는커녕 더 많은 일을 하게 됐다는 것은 주지의 사실이다. 스팀다리미를 생각해보라. 본래의 취지는 다림질을 더 쉽게 하자는 것이었지만 이제 한 달에 한 번이 아니라 매주, 매일 다림질을 하게 되었다. 우리는 어떤 일이 쉬워지면 그 일을 더 많이 한다. 편지와 이메일이, 전화와 문자메시지가 모두 그렇다. 기술의 발달은 그 정의상 삶의 스트레스를 더 많이 만들 수밖에 없다. 속도를 빠르게 하고 달성 수준을 높이기 때문이다. 비어드는 역사상 가장 큰 기술적 혁신이 도래하기도 전에, 그러니까 전기 조명이 사용되기 이전부터 이런 말을 했다.

비어드는 회중시계가 약속에 늦지 않게 정확한 시간을 확인하는 버릇을 갖도록 만듦으로써 스트레스를 유발했다고 한다. 그럼 오늘날 온종일 스마트폰을 보는 우리의 스트레스 수치가 얼마나 높을지 짐작가지 않는가? 보통의 성인은 스마트폰을 하루에 46번 확인한다. 10대의 80%는 매시간 전화를 확인한다고 말하고 50%는 스스로 스마트폰 중독이라고 말한다.

이런 상황에서 우리는 아이들에게 어떤 도움을 줄 수 있을까? 적절한 기술 이용은 성인에게도 어려운 일인데, 아이들의 두뇌는 충동과 오락에 저항할 수 있을 정도로 발달한 상태도 아니다.

문자메시지를 확인하거나 인스타그램 계정을 확인할 때면 도파민이 분비된다. 긍정적인 반응이 있을 때는 더 많은 도파민이 분비된다.

이는 '간헐 강화'라는 심리학의 기본 원리가 작용한다. 간헐 강화 상황에서는 어떤 일에 대한 보상을 받을 수 있을지 알 수 없다. 다만 보상을 받을 수 있다는 기대 자체가 동력이 된다. 동물 훈련사들이 '잭팟' 보상 시스템을 사용하라고 조언하는 이유가 여기에 있다. 개가 어떤 과제를 수행하기를 원한다면 그 과제를 수행할 때가 아니라, 3번 혹은 5번 했을 때 상을 준다. 기대에는 중독성이 있다. 개는 "이리 와!"라고 했을 때 아무것도 받지 못할 수도 있고, 스테이크 조각을 받을 수도 있다. 하지만 기대가 있기에 매번 달려온다.

슬롯머신 앞에 앉아 있는 사람들이나 문자메시지를 확인하는 아이들에게도 같은 반응이 일어난다. 지금 들어온 문자메시지가 엄마의 잔소리일 수도 있지만, 관심 있는 이성의 연락일 수도 있다. 모든 문자메시지에 기대의 가능성이 있다. 따라서 청소년이 인생의 다른 어떤 나이대보다 가능성의 낌새에 큰 영향을 받는 것은 전혀 이상한 일이 아니다. 아이들은 기기를 손에서 놓기 어려운 이유가 포모(FOMO, fear of missing out), 즉 '좋은 기회를 놓치고 싶지 않은 마음'인 것이다.

아이들에는 이런 공식이 성립한다. 더 많은 기술에 노출될수록 자기 조절 능력이 떨어지고 더 많은 기술을 사용할수록 집행 기능이 떨어진다. 이것은 중요한 문제이다. 자기 조절 능력과 집행 기능은 성적을 예측하는 데 IQ보다 2배는 정확한 변수이다.

지금까지 문제의 장단점을 두루 살펴보았다. 이번에는 기술과 도파민이 특히 아이들에게 영향을 주는 영역에 5가지 영역에 대해 자세히 살펴보자.

주의력과 자극, 스트레스에 직결되는 스크린 타임

래리 로젠은 화면 앞에 있는 시간이 신체적·정신적 건강의 문제, 주의력의 문제, 행동 문제의 증가와 비례 관계에 있는 것을 발견했다.

스크린 타임(screen time, 화면을 보는 시간)은 독서나 그림 같은 다른 정적인 활동과는 구분되는 여러 가지 생리적 효과를 낸다. 또 이는 곧 스크린 타임이 여러 신체적, 정신적 질환의 독립 위험 인자라는 의미이기도 하다. 아이의 경우, 독서 할 때는 혈압이 떨어지는 반면 스크린 타임 때는 1시간마다 혈압이 상승한다. 이런 효과는 아이가 얼마나 많은 시간 운동을 하며 보냈는가와는 독립적이다. 1시간 달리기로는 온종일 스크린 앞에서 보낸 시간을 상쇄할 수 없다.

스크린 타임은 상어의 공격 장면에서부터 경찰 총격까지 전에 없이 폭력적인 뉴스를 집 안으로 가져다준다. 〈미국국립과학협회저널〉에 실린 한 연구는 보스턴 마라톤 폭발 사건에 직접 노출된 사람과, 6시간 동안 폭발 사건의 언론 보도에 노출되었던 사람의 스트레스 반응을 조사했다. 믿거나 말거나, 후자가 더 높은 스트레스 반응을 보였다. 성인도 동요하게 만드는 이런 식의 노출이 아이에게 어떤 영향을 줄지 생각해보라.

통제력을 분산시키는 'SNS'

SNS에는 수량화가 가능한 친구목록, 좋아요, 팔로우가 있다. 이들은 우리, 특히 여자아이들에게 걱정을 안긴다. 최근의 한 연구에서는 페이스북에서 보내는 시간 증가가 행복감의 저하로 이어진다고 한다. 예를 들어 오늘 먹은 샌드위치의 사진을 포스팅해서 17개의 '좋아요'를 받았다고 가정해보자. 그럼 아마 기분이 좋아질 것이다. 하지만 다음날 새로운 샌드위치 사진을 올렸는데 '좋아요'를 6개밖에 받지 못했다면? 금방 꼬리를 무는 의문에 사로잡힐 것이다. 샌드위치 선택이 좋지 않았던 것일까? 사진이 별로였나? 내가 너무 매달리는 것처럼 행동했나? 이런 상황에서 아이들의 감정 기복은 친구에게 직접 인정받거나 무시당할 때의 감정만큼이나 현실적이다.

통제 소재를 이보다 더 외부화할 수 있을까? 인스타그램과 '좋아요'는 365일 24시간 벌어지는 미인 대회와 흡사하다. 867명의 온라인 친구 중 누구든 댓글로 비난하거나 최신 포스트에 '좋아요'를 누르지 않음으로써 나를 공격할 수 있다. SNS는 우리의 관심을 내가 오늘 샌드위치를 맛있게 먹었는지, 사람들과 함께 즐거운 식사를 했는지의 '경험'이 아니라 경험에 대한 '타인의 평가'로 옮겨놓았다.

〈워싱턴포스트〉의 제시카 콘트레라 기자는 특집 기사를 위해 캐서린 포머리닝이라는 13세 소녀를 추적했다. 그녀의 전화는 그녀와 사회를 연결하는 고리였다. 많은 10대가 그렇듯 캐서린은 인스타그램에 포스팅할 사진을 주의 깊게 추려냈다. 가장 많은 '좋아요'를 위한 사진을 고르는 것이다. "'좋아요'를 100개 정도 받으면 상당히 괜찮은 거예요." 그녀가 말했다. 그녀는 'tbh(to be heard)'의 중요성을 강조했다. tbh는 '정말' 혹은 '솔직히'라는 뜻이다. "누군가가 'tbh 예쁘고 멋짐'이라고 말한다면 상대를 인정한다는 뜻과 같아요. 그러면 사람들은 그 사진을 보고 '이 애가 정말 멋있구나'라고 생각하는 거죠."

SNS를 많이 사용하는 사용자, 즉 수백 수천 명의 친구나 팔로워 중 누구에게든 반사적인 평가를 받을 수 있는 사람들은 불안, 우울증, 자기 도취에 빠질 가능성이 대단히 크다. 암울한 현실인 동시에 아이들조차 원치 않는 상황이다. 최근 13~14세 청소년에 대한 여론 조사는 대부분의 청소년이 자기 정체성을 SNS 프로필에 의해 정의되고 있다는 느낌을 받으며, 계속 SNS를 하는 것에 지쳤다고 말하면서도 그것을 외면하지 못한다고 한다.

활동 시간을 앗아가는 '네트워크 기술'

기술은 아이들이 건전한 발달에 필요한 일을 하지 못하게 한다. 수면, 운동, 철저한 정지시간, 자기주도적이면서도 구조화되지 않은 놀이, 친구나 부모와의 대면이나 상호작용 등을 하지 못하는 것이다.

여학생은 SNS에 큰 영향을 받고 남학생은 비디오게임에 관심이 크다. 비디오게임 개발자들은 동기 유발 측면의 천재들이다. 어떤 식으로 관심을 끌고 보상을 주어야 게임을 멈출 수 없는지 정확히 알고 있다. 우리가 이미 알고 있는 것처럼 청소년들은 멈추는 일에 유난히 취약하다. 자기 규제가 완벽하게 발달된 상태가 아니기 때문이다.

게임의 효능이나 해악은 제쳐두자. 일단 비디오게임을 하는 아이들의 약 10%에게 심각한 문제가 있고, 중독 증상을 보이고 있다. 'WOW(월드 오브 워크래프트)' 같은 다중 사용자 게임은 더 그렇다. WOW는 전 세계의 플레이어와 함께한다. WOW에 몰두한 한 청년의 사례를 살펴보자. 그의 부모에 따르면 그는 4년 동안 지하실에서 나오지 않았다고 한다. 그는 눈을 뜨고 있는 시간은 전부 WOW에 쏟았다. 가족은 이 상황을 멈추기 위해 매사추세츠에서 메릴랜드로 이주까지 했다.

기술은 수면장애와 밀접한 관계가 있다. 〈미국의학협회저널〉에 발표된 한 연구에서는 16~18세 청소년 12만 5,000여 명을 대상으로 한 20개 연구 자료를 분석했다. 잠자리에서 일주일에 3번 이상 스크린을 보는 청소년은 충분히 자지 못할 위험이 88% 증가했고, 수면의 질이 떨어질 위험은 53% 증가했다. 놀랍게도, 이 결과는 기기를 사용하지 않았을 때도 마찬가지였다. 침실에 스마트폰이나 태블릿이 있는 것만으로도 수면장애의 가능성이 커졌다. 이 연구를 한 벤 카터는 〈뉴욕타임스〉에 이렇게 말했다. "아이들이 잠자리에 들기 전에 전자기기를 제한할 수 있는 전략이 공동체 단위로 필요합니다."

공감 능력을 떨어뜨리는 '매체 기술'

사람 대신 화면을 응시하는 것은 아이의 공감 능력에도 상당한 영향을 끼친다. 지난 30년간 대학생들의 공감 수치는 40% 하락했고 그 대부분은 지난 10년 동안 일어났다. 이는 대면 소통의 감소와 직결된다. 생각해보라. 온라인상에서 끔찍한 영상을 볼 때는 그 상황을 직접 볼 때처럼 감정을 처리할 필요가 없다.

MIT의 실험심리학자이며 《외로워지는 사람들》과 《대화를 잃어버린 사람들》의 저자인 셰리 터클은 지금의 상황을 새로운 '침묵의 봄'이라고 부른다. 레이첼 카슨이 환경에 대한 공격을 지적했다면, 터클은 공감에 대한 공격을 지적한다. 그녀는 미국인의 82%가 매체를 통한 소통이 대화의 질을 떨어뜨렸다고 했다. 《대화를 잃어버린 사람들》을 집필하며 진행한 인터뷰에서 사람들은 "통화를 하는 것보다 메신저로 이야기하는 것이 좋겠다"라고 말했다. 하지만 친밀감과 공감을 배우기 위해서는 대화와 대면 상호작용이 필요하다.

기술이라는 야수를 길들이기 위한 조언

우리는 우리가 다루어야 할 것들이 어떤 것인지, 좋은지, 나쁜지, 무엇이 추한지 명확하게 파악했다. 이제는 아이가 기술이라는 야수를 길들일 방법을 찾아야 한다.

"네가 결정할 문제야"라는 원칙은 기술에도 적용된다. 아이와 함께 세심하게 한도를 정하고 아이가 그 틀에서 자유롭게 둔다.

아이들은 부모의 도움을 원한다. 대부분의 아이들은 자신이 통제불능 상태에 빠질 수 있다는 것을 인식하고 있다. 물론 언젠가는 자신을 스스로 감시하는 법을 배워야 한다. 게임이나 SNS에 빠져 있다고 부모가 대학까지 따라갈 수는 없다. 시간이 흐르면 한 걸음 물러서야 한다. 그것이 진전이다. 기술이라는 야수를 길들이는 방법을 자녀에게 가르치는 데 도움이 될 조언 몇 가지를 소개한다.

시작은 당신부터

보통의 성인이라면 전자기기에 관해 좋지 않은 습관이 있을 가능성이 크다. 영국의 한 연구에서는 부모의 60%가 아이들의 스크린 타임을 걱정하는 동시에 아이들의 70%도 부모가 전자기기를 너무 많이 사용한다고 했다. 부모가 먼저 본을 보여야 한다. 아이들에게 전자기기를 절제하기란 당연히 어려운 일이고, 사실 어른들도 그렇다고 솔직하게 말해줘라. 그러면서 효과적인 조절법을 알려준다. 아이가 말을 거는데도 전화기를 보고 있을 때면 지적해달라고 부탁한다. 지적을 받았을 때는 사과함으로써 부모도 노력하고 있다는 것을 보여준다.

이해하기 위해 노력한다

어린아이들은 대부분 부모에게 의존하고 순응하지만 10대가 되면 이야기가 달라진다. 그들은 부모보다 친구들을 따른다. 아이들은 자신이 성장한 세계가 아니라 그들이 살게 될 세계에 적응하는 법을 배워야 한다. 그들은 어른이 쉽게 이해하기 어려운 사회적 규칙에 적응하기도 해야 한다. 그들을 이해하기 위해 노력하라. 그래야만 정말로 결정적인 순간에 아이가 당신을 따를 것이다.

아이가 10대라면 아이가 사람들과 가장 자주 어울리는 공간이 온라인이라는 점을 이해해야 한다. 아이가 친구와 이야기를 나누고 있는 도중에 "이제 이야기 그만해"라고 말하지 않는 것처럼 아이들이 메시지를 주고받는 중에 그만두라고 말해서는 안 된다.

많은 부모가 이렇게 말한다. "우리 아이는 비디오게임에 인생을 낭비하고 있어요." 이런 말에는 아이에 대한 존중이 배제되어 있다. 아이에게 무례한 말을 하는 대신 아이와 비디오게임을 함께 해보라. 게임의 매력을 이해하기 위해 노력하라. 아마도 어른도 '빠질' 수밖에 없다는 것을, 재미있다는 것을, 아이에게 중요하다는 것을 인정하게 될 것이다. 단 중독되지 않는 것 역시 중요하다. 관심을 보이고 지식을 가짐으로써 효과적으로 협상하고 문제 시에 효과적으로 개입할 수 있다. 아이가 존중받는다고 느끼고 정서적으로 가깝다고 느낀다면 문제에 훨씬 쉽게 접근할 수 있다. 그래서 아이의 관심사에 대해 배워야 한다. 물론 가장 큰 이유는 그렇게 하는 것이 아이에게 중요하다는 것이다.

자연으로 돌아간다

빌의 아들은 대학을 졸업하고 3개월간 야외 리더십 교육 프로그램에 참여했다. 여기에서 돌아온 아들은 스마트폰이 싫어졌다고 말했다. 3개월간 스마트폰 없이 살면서 그는 스마트폰에서 벗어나 자연과 자유를 사랑하게 되었다. 자연은 우리로 하여금 다시 제자리를 찾고 긴장을 풀게 해준다. 조지 비어드는 1881년 신경과민에 대해 다룬 책에서 바람 소리와 나뭇잎이 부딪히는 소리는 경쾌한 반면, 문명의 소음은 무겁고 선율이 없으며 해로울 것까지는 없더라도 상당히 짜증스럽다고 했다. 여러 연구를 봐도 아이들이 자연을 경험한 이후에는 기분이 좋아지고 성과도 높아진다. 단지 자연이 담긴 포스터를 보기만 해도 그렇다.

또 다른 연구에서는 전자기기 없이 5일간 여름 캠프를 즐긴 아이들의 공감 능력이 개선되었다. 우리는 전자기기에 중독되다시피 했던 아이들이 여름 캠프에 참가한 후 일주일 만에 전화나 게임에 관심이 없어졌다고 말하는 모습을 셀 수 없이 봤다.

가벼운 여행이라도 좋다. 아이와 자연의 아름다움을 경험할 수 있는 여행을 계획해보면 어떨까? 도심의 공원을 가는 것도 좋은 방법이다. 정말 효과가 생길지 의심이 들겠지만, 우선 해보아라. 공원이나 강, 해변에 오래 머물수록 그 효과를 더 크게 느낄 것이다.

설교하기보다는 정보를 제공한다

부모가 할 일은 전자기기 사용에 대한 훈계나 설교가 아니다. 부모는 아이의 절제력에 신뢰를 표현하고 도움을 줘야 한다. 대신 판단할 필요가 없다. 부모의 역할은 정보를 제공하고 권하는 것까지이다. 그리고 이런 방식은 놀랄 만한 효과를 낼 것이다.

네드의 한 학생은 학교에서 어떤 시험을 볼 예정이었다. 주말에는 시험을 볼 수 없기 때문에 학교의 일과를 모두 끝낸 후 한 시험을 봐야 했다. 다행히 마지막 교시에 수업이 없어서 시험 보기 전에 여유 시간을 꽤 가질 수 있었다. 네드는 그 학생이 일과를 끝내느라 머리를 너무 혹사하지 않았을지, 또 여유 시간을 전자기기 보는 데 쏟고 있지 않을지 걱정이었다. 그래서 네드는 그 학생에게 그 시간에 전자기기를 접하지 않을 때 두뇌에서 일어나는 일들을 말해줬다. "이상적인 상태라면 너는 밤에 잠을 잘 자고 일어나서 몸을 풀고, 아침 식사를 한 뒤에 시험을 보러 갈 거야. 지금처럼 학교 일과를 치르고서 시험을 보러 가는 일은 없겠지. 그래서 나는 마지막 수업이 끝나면 스마트폰을 꺼두라고 조언하고 싶어. 스마트폰을 사물함에 넣어 두고 학교 뒤에 숲에서 산책을 해보렴. 15~20분이면 적당할 거야. 숲에서 산책하면서 두뇌가 네가 '기억'하려고 노력했던 모든 것을 잊게 해주렴. 머리를 비우면 머릿속에는 더 많은 공간이 생겨. 그럼 너는 더 명료하게 생각하고 시험에서 더 좋은 성적을 거둘 수 있을 거야." 그 학생은 그날의 시험 결과에 크게 만족했다. 기대를 넘어서는 점수를 받았기 때문이었다.

협력에서 해법을 찾는다

몇 년 전 자넬 벌리 호프만은 당시 13세가 된 아들에게 첫 휴대폰 선물과 함께 편지를 썼다. 이 편지는 〈허핑턴 포스트〉에 실리면서 사람들에게 널리 알려졌다. 여기에는 애정과 유머, '직접 못 할 말은 문자나 이메일로도 하지 않기'와 같은 훌륭한 조언이 가득하다. 아이가 받아들이고 서명한 이 계약에는 18개의 조항이 있었다. 호프만의 편지를 직접 차용하기 전에, 계약이라는 아이디어를 발전시켜 아이들과 직접 계약서를 써보길 권한다. 전자기기 사용의 의사 결정에 참여한 아이들은 규제의 필요성을 비판적으로 생각하고, 그 계약을 보다 충실하게 지키게 될 것이다. 일방적 단속은 반항만 부를 뿐이다.

빌은 몇 년 전 TV 사용을 제한하려는 부모와 직접 투쟁하는 아이를 만난 적이 있다. 부모가 TV를 보관장에 넣고 잠그자 아이는 자물쇠 수리공을 불렀다. 부모가 유선 방송을 끊자 케이블 회사에 전화를 걸어 설치 서비스를 받았다. 아이는 늘 부모보다 한발 앞서 있었다. 더구나 이것은 20년 전의 일이다. 지금 아이들은 과거에 비할 수 없을 만큼 전자기기에 능숙하다.

언쟁을 벌이는 도중에, 혹은 전자기기의 사용을 중단하라고 요구하는 도중에는 해법을 찾으려 하지 말라. 그런 종류의 모든 대화가 그렇듯이, 서로 평정심을 유지한 채로 협상을 시작해야 한다. 부모가 불편하고 거북한 일에는 동의하지 말아야 한다. 하지만 아이의 말을 끝까지 들어주고 아이의 주장이 합리적이라면 부모가 원치 않더라도 아이의 뜻에 따라줘야 한다.

자신의 영향력을 이해한다

아이가 어릴 때는 쉽게 기기 사용을 제한할 수 있다. 하지만 아이가 커갈수록 제한하기 까다로워지고, 10대가 되면 아이는 부모가 알지도 못하는 수많은 기기 사용법을 알고 있을 것이다.

하지만 여전히 부모가 할 수 있는 일이 있다. 항상 그들의 비밀번호를 알고 있어야 하고 아이들 역시 부모가 비밀번호를 알고 있다는 점을 인지해야 한다. 아이들의 통신비를 내주고 있다면 그것을 기기의 적절한 사용과 결부해도 좋다. 밤에도 전화를 사용한다면 통신비를 내주지 말라.

자주 듣는 질문들

"어느 정도의 스크린 타임이 적절할까요?"

간단한 질문이지만 답은 복잡하다. 적당한 비디오게임 시간이 어느 정도냐 물으면 하루에 1시간 이하라고 말하곤 했었다. 하지만 이후 아이들이 게임에서 레벨을 올리려면 1시간 반은 필요하다는 이야기를 들었다. 정해진 답은 없지만 지침은 있다.

처음에는 가족 구성원 모두가 스크린 타임 계획을 세워본다. 아이들과 함께 세우면 부모가 스스로를 감독한다는 걸 아이들도 보게 된다. 아이들이 얼마나 자야 하는지, 학교 숙제, 저녁 식사, 잡일, 등교 준비 등을 하는 데 얼마의 시간이 필요할지부터 계획을 세운다. 이렇게 하면 하루 혹은 일주일 스케줄에서 얼마만큼의 스크린 타임이 적절할지 쉽게 파악할 수 있다. 중요한 일들을 먼저 계획한 뒤 스크린 타임의 여지를 찾는 것이다.

어린아이들의 경우에는 좀 더 쉽게 답을 줄 수 있다. 우리는 미취학 아동에게 사람들과의 상호작용, 자연 체험, 극놀이, 노래 부르기, 만들기, 그림 그리기 등이 발달에 가장 도움 된다고 믿는다. 기술에 일찍 노출된 아이들이 더 나은 발달 결과를 보인다는 증거는 전혀 없다.

"전자기기 이외에 다른 것에 관심을 가지도록 하려면 어떻게 해야 하나요?"

다른 어떤 것보다 비디오게임을 좋아하는 아이라면 '적절한 사용'에 대해 어른들과 다른 개념을 갖고 있을 것이다. 학교에 다니는 아이라면 그것이 아이에게 얼마나 중요한지 인정하는 데서 논의를 시작하길 권한다. 아이가 기술 쪽에 특별히 관심과 재능을 보인다면 "커서 프로그래머가 되겠네"라고 격려해준다. 단 가족과의 시간이나 독서, 교우 관계, 수면 시간 등 아이가 놓치지 않았으면 하는 다른 것들에 대해서도 말해준다. "게임이 재미있다는 거 알아. 그런데 게임 때문에 다른 중요한 것들을 놓치게 될까 봐 걱정도 돼. 하루에 게임을 얼마나 할지, 또 다른 일은 언제 할지 생각해보면 어떨까. 우리 같이 계획을 세우고 그 계획에 따른다면 좋을 것 같아."

"우리 딸은 겨우 5학년인데 스마트폰을 갖고 싶어 해요. 반에 있는 모든 아이들이 스마트폰이 있어서 자신만 소외되는 것 같다고 해요. 어떻게 해야 할까요?"

중요한 사실은 부모가 어색하고 불편하다고 느끼는 것은 하지 않아야 한다는 것이다. 빌의 아이들은 고등학생 때 자기 학년에서 차가 없는 건 자기뿐이라고 불평했다. 빌은 그 사실에 자부심을 느꼈고 장기적으로는 아이들에게 상처가 되기보다 도움이 될 것으로 생각했다. 다른 부모들이 모두 '예스'라고 하더라고 '노'라고 할 수 있어야 한다. 거기에는 아무런 문제도 없다.

동시에 해결할 필요가 있는 문제에는 개방적인 태도를 취해야 한다. 아이가 소외감을 느낀다면 공감해주고 아이가 속상하게 할 생각은 아니었다고 설명해준다. 또 아이의 이야기가 정말인지 선생님께 직접 확인해보는 것도 권장한다. 스마트폰이 없어서 정말로 소외되고 있는지 말이다.

다른 아이들은 어떻게 하고 있는지 그들의 부모들과도 이야기를 나눠본다. 그것이 과연 큰 문제가 되는지, 일종의 연합을 통해서 비슷한 기준과 한계를 설정하는 것이다. 기술 문제에 있어서 부모들의 협력은 상당히 큰 힘을 발휘할 수도 있다.

"기기 사용을 제한해서 아이가 기술에 뒤떨어지는 것은 원치 않습니다. 또 기술이 아이들의 멀티태스킹 능력을 향상시킨다는 이야기를 들었습니다."

이런 걱정은 접어두자. 실리콘 밸리에도 기기를 멀리하는 발도르프 스쿨이 있고 그곳 아이들의 75%는 기술 기업 중역의 자녀이다. 어린아이들이 기술적 능력에서 뒤떨어지는 것에 대해 걱정하지 않느냐는 질문을 받으면 이들은 기기의 허들은 매우 낮아 금세 따라잡을 것이라고 한다.

계속해서 몇 시간씩 비디오게임을 하면 멀티태스킹 능력이 향상되는 것처럼 보이지만, 한 번에 하나의 과제를 처리하는 것보다는 성과가 훨씬 낮다. 의식적인 사고를 요하는 2가지 일은 동시에 처리할 수 없다. 따라서 사실 멀티태스킹이란 부적합한 명칭이다. 2가지 이상의 일을 한꺼번에 하는 것이 아니라 실제로는 의식이 과제 사이를 빠르게 이동할 뿐이다. 때문에 멀티태스킹은 학습과 성과의 질을 떨어뜨리며 대단히 비효율적이다. 훨씬 많은 실수를 저지르고 결국에는 훨씬 더 늦게 수행한다.

멀티태스킹은 깊은 사고와 추상화, 창의력과 발명의 기회도 제한한다. '앱 세대'라고 불리는 청소년들이 정답이 없는 문제를 회피하는 이유도 이 때문이다. 멀티태스킹이 코티솔 레벨을 높이는 것으로 보이며, 이는 신경계에 더 많은 스트레스를 준다. 명상과 마음챙김이 인기 있는 이유도 이 때문이다. 현재를 온전히 느낄 수 있는 명상과 마음챙김이 멀티태스킹에 따르는 부정적 영향을 해소하는 가장 강력한 해독제이기 때문이다.

"아이가 기술에 중독되었다는 것을 어떻게 알 수 있나요? 어느 시점에 전문가의 도움이 필요할까요?"

기술의 종류에 따라 자료는 다르지만, 영국의 한 연구에 따르면 SNS를 3시간 이상 이용하는 아이들은 정신 건강에 문제가 있을 가능성이 2배 높다고 한다. 비디오게임 중독을 연구하는 더글라스 젠틸레는 다음과 같은 기준을 사용한다.

- 게임 시간을 속인다.
- 게임에 점점 많은 시간과 돈을 쓴다.
- 게임 시간이 줄면 짜증과 초조함을 느낀다.
- 게임을 문제의 회피처로 쓴다.
- 게임을 하기 위해 숙제나 일을 거른다.

강한 충동성과 낮은 사회적 자신감, 낮은 스트레스 내성, 인지적 융통성의 결여, 사회적 불안이 있는 아이들은 게임, SNS, 인터넷에 중독에 특히 취약하다. 또 남자아이들이 여자아이들보다 위험하며 유전적 요인, 특히 감정 통제에 연관된 도파민 체계와 세로토닌 수용기를 통제하는 유전자도 영향을 미친다.

경직적이고 강박적인 사고와 민감한 도파민 체계를 지닌 아이들은 스스로 한계를 정하는 것이 대단히 힘들고, 중독에도 취약하다. 이 아이들은 말한다. "게임을 멈출 수는 있어요. 하지만 게임 생각을 멈출 수는 없어요."

아이가 기기 중독에 취약하다면 아이와 확실한 한계를 협상하는 일이 대단히 중요하다. 또 규칙을 어겼을 때 격렬히 반항하는 등의 극단적인 경우에는 외부의 도움을 구한다. 전자기기를 이용할 때만 편안한 느낌을 받고 다른 아이들과 소통할 수 있다는 이유로 기술에 의존하게 되는 경우가 대단히 많다. 이럴 때는 사회성을 키울 수 있도록 도움을 줘야만 한다.

또 다른 문화적 변화

긍정적인 일이 있다면, 많은 10대가 기술의 영향과 그 부정적인 면에 대항해야 한다는 필요성에 대해 목소리를 내고 있다는 것이다. 젊은 밀레니엄 세대에 대한 한 연구에 따르면, 젊은이의 80%가 전자기기를 배제하고 단순한 일들을 즐겨야 한다고 주장했다.

밀레니엄 세대들 사이에서 요리나 바느질, 공예같이 직접 손으로 하는 차분한 활동의 인기가 높아지고 있다. 소매 시장에도 '로테크(low-tech, 저차원 기술, 기술 배제)' 운동이 일어나면서 점점 더 많은 상점과 레스토랑이 로테크 운동에 동참하고 있다.

로테크 운동에서 우리가 가장 즐겨 인용하는 사례는 메릴랜드대학 여자 농구팀의 이야기이다. 이들은 몇 년 전 토너먼트 기간 동안 자발적으로 휴대폰을 쓰지 않기로 했다. "휴대폰 제한은 우리 팀의 결정 중 가장 잘한 결정입니다." 팀원들은 함께 카드놀이를 하고 서로 많은 대화를 나눌 수 있었다. 한 선수는 이렇게 말했다. "전화를 돌려받았을 때 다시 반납하고 싶을 정도였다."

오늘 밤 할 일

- 가족회의를 해서 전자기기를 사용하지 않는 시간과 장소를 정하는 문제를 논의한다. 최소한 식사하거나 침실에 있는 동안에는 휴대폰을 사용하지 않도록 한다. 가족들의 의논하에 휴대폰이 없는 공간을 더 만들 수 있다. 한 친구의 아내는 아이에게 이렇게 말했다. "소파에서는 휴대폰 금지. 소파에 앉았을 때는 가족끼리 이야기하는 거야."
- 건전한 전자기기 사용의 본보기를 보인다. 예를 들어 운전 중에는 절대 문자메시지를 보내고 받지 않는다. 차에 있는 동안 문자메시지를 보내고 싶다면 반드시 차를 정차시켜라. 전화를 사용하고 있는 중에 아이가 방에 들어온다면 사용을 멈추고 아이에게 반응을 보인다. 문자메시지, 이메일, 알림 때문에 전화를 확인해야 할 때는 허락을 구한다. "전화 좀 확인해도 될까? 아빠인 것 같아. 아빠에게 내가 메시지를 기다리겠다고 말했었거든."
- 주중에는 매일 최소 30분, 주말에는 매일 1시간 동안 전자기기

를 멀리하고 '오로지' 아이와만 함께하는 시간을 갖는다. 그 시간에는 전화를 받거나 전화기를 확인하지 않는다. 예컨대 주말 하루는 '팬케이크를 먹고 신문을 읽고 아이들과 노는 시간'으로 만든다.

- 필요하다면 아이들과 디지털에서 벗어나는 데 가장 적합한 시간에 대해 협상한다. 아이가 전화를 손에서 떼어놓는 일을 힘겨워한다면 타이머를 맞추고 10~15분마다 메시지를 확인하도록 한다. 10~15분도 지나치게 많다는 생각이 들겠지만, 그것은 우리의 입장이다. 기기에서 멀어지는 것이 힘든 아이들이라면 너무 엄격한 기준을 적용하지 않아야 원망을 줄일 수 있다. 아이를 존중하는 마음을 잃지 말고 짧은 시간이라도 전자기기를 멀리하는 것이 아이에게는 힘든 일일 수 있다는 점을 이해하도록 한다.
- 아이가 타인에게 해가 되거나 상처받기 쉬운 상황에 빠지도록 기기를 사용하지 않는다는 확신이 들 때까지는 문자메시지나 트위터 페이지를 무작위로 확인하겠다고 알리고 그렇게 실천한다.
- 아이가 전자기기를 과도하게 사용할 경우, 전문가와의 상담을 고려한다.

입시보다 인생을 대비하는 두뇌·신체 6단계 훈련

엘리트 운동선수들은 언뜻 보기에는 다소 의아한 일을 한다. 역기 대신 요가 볼을 잡고, 큰 근육을 단련하기 전에 작은 근육을 자극하는 것이다. 선수들은 이렇게 단련된 작은 근육 덕분에 부상에 훨씬 덜 취약해진다. 눈에 확 띄지는 않지만 작은 근육이 제대로 단련되어 있지 않다면 큰 근육이 하는 일을 제대로 뒷받침할 수 없다.

이 장에서 우리는 작은 근육처럼 눈에 띄지는 않지만 큰 차이를 만드는 여러 가지 방법을 탐색할 것이다. 우리는 궁극적으로 아이들이 회복력 있고 건강한 두뇌를 지니고, 인생의 크고 작은 장애 앞에서 의연하기를 바란다. 이를 위해 자유롭게 사고하고 다양한 충격을 견디는 방법을 알려줄 것이다. 아이들에게 언제나 행운이 깃들기를 바라지만, 아이들에게 위기가 닥쳤을 때 그 문제를 직면하고 타개할 수 있기를 바란다.

대부분의 아이들은 미리 계획을 세우고, 목표를 시각화하고, 부정적 사고에 대응하고, 예상과 다른 상황에 어떻게 대처해야 할지 등의 전략을 배우지 않는다. 이 장은 심리학자와 교육자가 아이들과의 작업에서, 또 그들의 일상에서 가장 의지하는 성공 전략들을 보여줄 것이다. 우리는 스티븐 코비나 브라이언 트레이시 같은 성공심리학 분야의 영향력 있는 작가들은 물론 아델 다이아몬드나 대니얼 시겔 같은 신경과학자들의 연구에서 영감을 얻었다. 어른들에게 효과적인 이 방법들은 의외로 아이들에게도 유효하다. 아이들, 특히 10대 아이들을 앉혀두고 "두뇌를 어떻게 훈련하면 좋을지 얘기 좀 해볼까?"라고 말하기는 쉽지 않다. 아이들은 저항할 것이다. 당연한 일이다. 하지만 이런 전략을 알아두는 것만으로도 도움이 된다. 또한 권위적으로 행동하지 않고도 가족 일상의 일부로 끌어들일 방법도 있다.

첫 번째 훈련 – 명확한 목표 설정

성공심리학의 대부분 저자는 목표 설정이 성공의 핵심이라고 한다. 아이가 어릴 때부터 이 전략을 가르칠 것을 강력히 권한다. 간단한 목표를 쓰기만 해도 효과를 볼 수 있지만, 목표를 시각화하면 더욱 효과적이다. 예를 들어 책상을 깨끗하게 유지하고 싶다면 깨끗하게 정리된 책상의 모습을 사진으로 남겨둔다. 그럼 다음에 책상을 치워야 할 때 아이는 사진을 보면서 거기에 맞춰 정리할 수 있다. 학교 갈 준비를 하는 일도 마찬가지다. 학교 갈 준비를 좀 더 차분하고 편하게 하고 싶다면 옷을 입고 머리를 빗은 뒤 가방을 멘, 완벽하게 준비된 아이의 모습을 사진으로 찍어둔다.

추구하는 모습의 구체적인 상이 있으면 그 일을 실현할 가능성은 커진다. 이런 기법은 체계화에 서툰 10대들에게도 유용하다. 사진을 보고 따라 하는 작업은 목록을 읽는 일보다 작업기억이 덜 필요하기 때문이다.

시각화가 목표 달성에 미치는 효과는 많은 문헌에서 검증되어 있다. 두뇌는 실제 경험과 생생한 상상의 차이를 인식하지 못한다. 무서운 영화를 보면 가짜라는 것을 알면서도 겁을 먹는 이유이기도 하다. 저명한 신경과학자 알바로 파스쿠알-레온은 한 연구에서 일단의 사람들에게 매일 일정한 시간 동안 피아노 음계를 연주하도록 하고, 다른 집단에는 실제로 피아노를 치지 않고 그 음계를 치는 '상상'을 하게 했다. 두 집단 모두 손가락 움직임에 해당하는 두뇌 영역이 자극되는 것을 관찰됐다.

아이들이 조금 나이가 들면, '정신적 대비(mental contrasting)'라는 목표 설정 기법이 효과적이다. 뉴욕대학의 가브리엘 괴팅겐이 만든 정신적 대비 기법은 학생들이 현실적인 목표를 세우게끔 고안되었다. 무리한 계획은 실망으로 이어진다. 이때 실제로 달성될 수 있는 계획을 세움으로써 실망과 낙담을 피할 수 있다. 이 기법은 어떤 목표를 달성하지 못할 다양한 이유를 만드는 비관론자에게도 도움 된다.

정신적 대비의 첫 단계는 아이가 자신만의 목표를 만드는 것이다. 집단의 목표와는 다르다. 부모의 영향을 받아서도 안 된다. 또 목표는 현실적이면서도 도전적이어야 한다.

두 번째 단계는 아이에게 기대하는 결과에 대한 몇 개의 단어를 적게 하는 것이다. 이 과정에서 스스로 수정하거나 편집해서는 안 된다. 마음속에 떠오르는 것을 자유롭게 적기만 하면 된다.

세 번째 단계는 아이가 그 목표를 달성할 때 마주할 내적 장애물을 생각하는 것이다. 외적 장애물이 아니라는 점을 유념하라. 펜을 들고 생각나는 장애물을 적으면서 그것이 어떤 영향을 줄지, 그 장애물에 직면했을 때 무슨 일을 할 수 있을지 고려해보도록 한다.

학생들은 내신이나 수능의 점수를 목표로 정하곤 한다. 두 번째 단계에서 그들은 '차분함', '자신감', '집중' 같은 단어를 적는다. 내적 장애에 대해서 생각할 때는 '성급함', '스트레스', '혼란'을 적는다. 그들은 시험을 칠 때의 스트레스나 혼란을 상상하며 스스로 마음가짐을 준비한다. 다음으로 그들은 이런 장애를 극복하는 자신의 모습을 상상한다. 어떤 자기 대화를 사용할까? 못 푸는 문제에 목매지 않기 위해선 어떤 태도가 필요할까? 예상치 못한 문제 상황이 발생한다면 어떻게 해야 할까? 문제의 가능성을 예상하고 미리 대비하며 얻은 지식은 분명 시험에 도움이 될 것이다.

한 여학생은 학교를 옮긴 후 친구들과 사귀지 못하고 불안장애라는 진단까지 받았다. 그녀는 카운슬러와 역할극을 하면서 불편한 사회적 상황에서 어떻게 말하고 행동할지 연습했다. 그녀는 이 연습을 반복했고, 연습한 대사를 사용할 경우는 없었지만 어떻게 대처할지 알고 있다는 사실만으로도 불안을 덜 수 있었다.

교실, 음악실, 운동장, 심지어는 뒷마당에서도 '본인의 기록 갱신'을 목표로 설정하는 것이 중요하다. 경쟁 자체는 나쁘지 않다. 정말 이기고 싶을 때 단호하게 목적을 추구하는 방법도 배워야 한다. 경쟁 상대가 자신일 때는 효과가 훨씬 더 커진다. 다른 사람이 얼마나 많은 연습을 하는지, 그들의 실력이 얼마나 대단한지는 개인이 통제할 수 없다. 하지만 이전의 기록이나 점수를 깨기 위해 얼마나 연습하고 노력하는지는 개인의 통제하에 있다. 어떤 일에서 나아지는 자신을 볼 때면 가슴이 벅차오른다. 심지어 목표를 설정하는 데는 나이도 문제 되지 않는다.

네드는 종종 자기의 장인어른 이야기를 한다. 스키를 잘 탔던 그는 노년에 스노보드를 배우기로 했다. 네드 역시 시도해보기로 했다. 스노보드 초심자로 하루를 보내본 적이 있는 사람이라면 누구나 알겠지만, 정말 쉽지 않은 일이다. 정말 많이 넘어지고 젖고 멍이 든다. 하지만 다음 날이 되면 넘어져 있는 시간보다 서 있는 시간이 길어진다. 둘째 날이면 그럭저럭 보드를 타게 된다. 일주일 후면 초보자 코스를 벗어날 수 있다. 새로운 기술을 익힐 때의 성취감은 내적 추진력을 부채질한다.

시험이란 기록을 갱신하는 비옥한 토대이다. 앨리슨의 부모는 네드에게 앨리스가 ACT에서 34점(36점 만점)을 받기를 바란다고 했다. 네드는 앨리슨에게 몇 점을 목표로 하는지 물었고 그녀는 31, 32점을 받고 싶다고 답했다. 그녀의 현재 점수는 24점이었다. 34점은 현실적인 목표가 아니었다. 32점도 마찬가지였다. 그들은 그 문제에 관해 이야기

나누었고, 28점을 목표로 재설정했다. 28점은 현실적이면서도 도전적인 목표였다. 큰 부담이 되지 않는 28점은 성취의 자부심을 갖게 하고, 이를 바탕으로 30점대에 도전할 수 있을 것이었다.

어떤 일이든, A에서 B까지 목표를 설정하는 이 방법들은 내적 동기를 부여하고 삶의 통제감을 키우는 데 커다란 유인이 된다.

두 번째 훈련 - 두뇌의 신호에 주의 기울이기

우리의 경험에 따르면 마음속에서 어떤 일이 벌어지고 있는지 이해하는 아이는 자신을 잘 통제하고 더 나은 행동을 보인다. 또 두뇌에 대해서 조금만 알아도 삶의 통제감을 회복할 수 있다.

유치원생도 두뇌의 기본적 작용을 이해할 수 있다. 아동심리학자이자 《아이의 인성을 꽃피우는 두뇌 코칭》의 저자인 댄 시겔은 4개 손가락으로 엄지를 감아쥔 그림을 가지고서 스트레스를 받을 때 두뇌에서 어떤 일이 벌어지는지 가르친다. 엄지는 두려움, 걱정, 분노 같은 중요한 감정을 나타낸다(유치원생에게는 어려운 단어지만 이것이 편도체이다). 엄지를 덮고 있는 손가락들은 명확하게 생각하고 문제를 해결하도록 돕는 부분(전두엽피질)이다. 걱정이나 분노가 지나치게 커지면 손가락들은 엄지를 감쌀 수 없게 된다. 시겔은 이것을 '발끈한다'고 표현한다. 그는 아이들에게 발끈할 때 마음을 가라앉히려면 뭘 해야 하는지 생각해보라고 권한다. 마음을 진정시킬 때 가는 자리를 정해두고 거기에 앉아 있는 등의 방법으로 주먹이 다시 쥐어지게 하는 것이다.

9살 소년 벤의 부모는 그가 완벽주의인 동시에 불안해하며 불만을 참지 못한다고 염려했다. 그들은 벤이 덜 민감하게 반응하도록 도와줄 방법을 필사적으로 찾고 있었다.

빌은 테스트를 시작하고 몇 분 만에 빌의 상태를 알 수 있었다. 벤은 똑똑했고 생각을 분명히 표현할 줄 알았다. 그런데도 대답할 때마다 이런 문장들을 덧붙였다. “전 이걸 잘하지 못할 거예요”, “저는 뭐든 빨리하지 못해요.” 처음으로 어려운 항목을 만나자 그는 책상을 주먹으로 치며 말했다. “전 이거 못해요!” 화가 난 벤은 금방이라도 울거나 감정을 폭발시킬 것 같았다.

다음과 같은 대화가 이어졌다.

빌: 이 테스트가 너에게 큰 스트레스라는 거 알아. 지금 무슨 일이 일어나고 있는지 내 생각을 말해줄까?

벤: 좋아요.

빌: 너는 네 머릿속에 좋은 생각이 바로 떠오르지 않으면 스스로를 멍청하다고 생각하는 것 같아.

벤: 맞아요. 좌절감이 들어요.

빌: 너는 네가 멍청하지 않다는 것을 알고 있지? 넌 높은 수준의 단어들을 사용하는걸.

벤: 단어를 많이 알기는 해요. 다른 아이들이 모르는 단어들을 알고 있죠.

빌: 네 문제는 두뇌의 일부에 있어. 편도체라고 불리는 부위인데 너를 안전하게 지키려고 아주 열심히 일하고 있지. 편도체는 '위험 감지기'야. 상처받거나 기분을 상하게 하는 것이 없는지 경계하고 있단다. 편도체는 생각할 줄 몰라. 그저 위험을 감지하지. 편도체가 아무것에도 위협을 느끼지 않는 것 같은 아이들도 있어. 하지만 편도체가 민감해서 거의 모든 것을 위협으로 받아들이는 아이들도 많단다. 그리고 넌 '정말로' 민감한 편도체를 가진 것 같아.

벤: 그런 것 같아요. 전 매사가 불만이고 신경질이 나거든요. 학교에서는 더해요.

빌: 우리가 이 문제를 함께 해결하려면, 우린 네 편도체가 정말 민감하고 필요 이상의 반응을 한다는 것을 반드시 기억해야 해. 답이 바로 생각나지 않으면 편도체가 과민 반응을 한다는 것을, 나와 함께 있으니 안전하다는 것을, 너는 사실 멍청하지 않다는 것을 떠올릴 수 있어야 해. 불안해지거나 불만스럽거나 수렁에 빠진 기분이 들 때면 편도체가 너를 보호하기 위해서 네 생각을 막으려 할 거야. 하지만 사실 너는 전혀 멍청하지 않지.

벤: 알겠어요.

이런 대화 후에는 시험이 수월해졌다. 또 빌과 벤은 완벽주의와 불만에 과민한 점을 두고 서로 농담까지 했다. 이는 벤의 성격적 결함이 아니라 두뇌의 기능이 잘못된 것인 걸 알기 때문에 가능한 일이었다. 빌은 이후의 평가에서 벤에게 그의 사회적, 정서적 삶에 대해서 질문하면서 벤이 쉽게 떠올릴 수 있는 이미지를 사용했다. 벤은 폭발물 이미지를 특히 좋아했다.

빌: 아까처럼 불만스러운 감정이 학교에서 자주 떠오르니?

벤: 네. 저는 모든 것에 쉽게 화가 나요.

빌: 신관이 좀 길었으면 하니?

벤: 무슨 뜻이에요?

빌: 다이너마이트의 신관이 길다는 건 폭발까지 시간이 꽤 걸린다는 뜻이고, 신관이 짧다는 건 빨리 폭발한다는 뜻이지. 신관이 더 길어졌으면 좋겠어?

벤: 아주 길어지면 좋겠어요.

빌: 너를 어떻게 도와줄 수 있을지 부모님과도 함께 이야기해보자. 네가 덜 폭발할 수 있도록 코칭해줄 사람을 찾을 수 있을 거야.

쉬운 말과 생생한 이미지를 사용해서 감정의 과학을 설명하는 것은 대단히 효과적이다. 문제를 개인적인 영역이 아니라 과학적인 영역으로 치환하기 때문이다. 벤이 곧바로 학교에서 덜 불안해진 것은 아니다. 그의 신관을 늘리는 데는 많은 노력이 필요했다. 하지만 그에게 자기 자신을 이해하는 틀을 제공한 것이 가장 중요한 단초였다. 최근 빌은 벤을 다시 테스트했다. 벤은 이제 14세가 되었고 감정 통제에 있어서 극적인 진전을 보였다. 그는 여전히 예민하지만, 의욕이 높고 독립적인 학생이기도 하다.

병원에서 신경심리학적 평가를 통해 아이에 대해 알게 된 바를 잘 설명해주는 과정은 무엇보다 중요하다. 다른 사람보다 잘할 수 있는 일이 무엇인지, 자연스럽게 느껴지지 않는 일은 무엇인지 이해하게 되면 아이들은 차츰 제 몫을 할 수 있다는 자신감을 갖게 된다.

세 번째 훈련 - 제2안을 생각하는 연습

우리는 불안이 크고 강박적인 아이들을 많이 만난다. 하지만 칼리는 그중에서도 유난히 불안해하는 아이였다. 대단히 총명하고 창의적이고 활발한 17세의 칼리는 컬럼비아대학 진학에 집착하고 있었다. 그 압박감은 부모에게서 비롯된 것이 아닌 듯했다. 단어와 수학 문제로 테스트하고 시험 전략에 대해 이야기를 나누고서 네드는 그녀의 불안과 한 입시에 대한 강박이 그녀의 능력을 저해하고 있다고 확신했다.

네드는 이 상황에서 '제2안 사고(Plan B thinking)'에 집중하기로 했다. 칼리는 컬럼비아대학에 합격하지 못할 경우 어떻게 해야 할지 고민해보고, 차츰 다른 선택안에 대해서도 긍정적으로 생각하기 시작했다. 컬럼비아대학에 못 가면 인생이 망할 거라는 두려움만 털어도 훨씬 나아졌다. 그녀는 스트레스를 가라앉히고 집중력을 회복할 수 있었다.

"바라는 대로 되지 않으면 어떻게 할 건가요?" 제2안 사고는 계획이 틀어져도 평정심을 유지하는 열쇠이다. 처음에는 저항이 있었지만 결국 칼리는 그 생각을 좋아하게 되었다. 그녀는 미시간대학을 2지망 대학으로 정했고, 그 대학에 들어갔을 때의 삶도 상상하기 시작했다. 그녀는 최근 미시간대학의 졸업생들과 이야기를 나누며 그들이 누린 놀라운 기회에 대해서도 전해 들었다. 또 대학원 진학의 꿈을 마음껏 펼칠 수 있을 것이라는 생각에 흐뭇해졌다. 칼리가 대안적인 미래를 시각화하기 시작하자 그녀의 불안 수준은 떨어졌다.

제2안 사고는 상황을 균형감 있게 보도록 도와주고, 편도체를 통제하는 전두엽피질을 강화한다. 계획과 준비는 전두엽피질의 역할이다. '해야 하는데 할 수가 없다'라는 상황보다 큰 스트레스는 없다. 이때 제2안 사고는 '이걸 못하면, 저걸 하면 되지'라는 마음가짐으로 융통성과 적응력을 높인다. 시간이 지남에 따라 스트레스와 예상외의 상황을 대처할 수 있는 자신감이 생긴다.

네드는 일상적으로 '내가 좋아하는 시리얼이 떨어지면 아침에 뭘 먹지?'에서 극단적으로는 '이 비행기 뒤에서 불이 나면 어떻게 해야 하지?'에 이르기까지 꾸준히 제2안 사고를 연습하고 다양한 시나리오를 생각하며 삶의 통제감을 느낀다. 다양한 상황에 어떻게 대처할지 준비하기 때문이다.

네 번째 훈련 - 스스로를 따뜻한 시선으로 바라보기

"난 너무 멍청해", "난 정말 바보야", "난 왜 이렇게 바보 같지?" 아이들은 종종 이런 말을 한다. 이런 자기비하적인 발언에 부모는 당황하기 마련이다. 하지만 당장 아이를 설득할 필요는 없다. 아이가 "나는 제대로 하는 것이 없어"의 악순환에 빠져 있을 때는 "그렇게 생각할 수도 있지만 내 생각은 달라. 네가 듣고 싶다면 내 의견을 얘기해줄게"라고 차분히 말한다. 아이가 이야기를 듣기 싫어한다면 때를 기다려라. 원치 않는 지혜는 아이의 부정적인 사고를 강화할 수도 있다.

이럴 땐 아이에게 "그럴 때 내가 쓰는 방법이 있어. 들어볼래?"라고 말해봐도 좋다. 다시 강조하지만, 아이가 원치 않으면 이야기하지 마라.

아이가 마음을 열고 대화에 임한다면 이렇게 말할 수 있다. "우리가 소프트볼을 하는데, 평범한 땅볼을 실수로 놓쳤어. 그럼 넌 뭐라고 할까? 아마도 '괜찮아. 다음번엔 잡을 수 있어!'라고 말하겠지. 왜일까? 정말 형편없는 실수지만, 너도 직감적으로 아는 거야. 정말 엉망이라고 소리치는 것보다는 자신을 응원하고 격려할 때 다음 공을 잡게 될 확률을 높일 수 있단 걸."

"힘내! 할 수 있어!"라고 말하며 스스로 힘을 주는 존재가 되라고 가르쳐라. 3인칭의 자기 대화는 1인칭의 자기 대화보다 훨씬 효과가 크다. 자기를 자신의 이름으로 칭할 때 아이는 냉철한 비평가에서 벗어나 한 걸음 떨어져 있는 든든한 친구로 바라볼 수 있다.

실수를 합리적인 설명이 불가능한 일로 보고 자책하는 아이는 다음에도 그 실수를 고칠 수 없다고 생각한다. 멍청해지지 않는 것 외에는 자신이 할 수 있는 일이 없기 때문이다. 효과적인 자기 대화는 아이가 자신에게 충분한 능력이 있고 단지 실수했을 뿐이라는 생각하게 해준다. 이때에서야 아이는 진짜 문제를 파악하게 된다. 무엇이 잘못되었는지 설명할 수 있고, 그 과정에서 스스로 개선할 수 있단 걸 알면 아이는 직접 행동한다.

핵심은 문제를 감정적으로 받아들이지 않는 것이다. 아이의 정체성을 위협하지 않는 설명이 있다면, 아이는 실수를 직시하고 거기에서 배움을 얻어 앞으로 나아간다.

다섯 번째 훈련 - 문제 재구성하기

우리 일의 대부분은 아이들이 사고 과정에 의문을 제기하고 상황을 재구성함으로써 능숙하게 생각하도록 도움을 주는 것이다. 스트레스 자체에 대해 생각해보자. 스트레스에 다른 이름을 붙이는 것만으로도 결과를 변화시킬 수 있다. 포 브론슨은 프로 음악가나 운동선수들은 경기 직전의 불안을 활력으로 인식하는 반면, 아마추어들은 압박으로 여긴다고 말했다. 불안이 누군가에게는 몰입이 될 수도, 누군가에게는 위협이 될 수도 있는 것이다. 의욕과 불안은 결국 삶의 통제감에 달려 있다. 즉, 상황을 어떻게 인식하고 반응할지는 객관적인 현실이 아니라 주관적인 인식이 결정한다.

언어에는 힘이 있다. '나는 ~를 해야만 해'보다 '나는 ~를 하기로 했어'가 나은 것처럼 '나는 ~해야 해'보다는 '나는 ~하고 싶어'가 낫다. 이런 말은 '성가시긴 하지만 끔찍하게 싫은 정도는 아니야'라거나 '이건 재앙이 아니라 단순한 차질일 뿐이야'라는 생각으로 뻗어 간다.

삶은 '관점 선택' 게임이다. 사건은 '당신'이 구성한다. 16세 딸이 파티에 가서 저녁 9시에 문자를 보내기로 했다. 하지만 9시 15분에도 문자는 오지 않았다. 이때 '혹시 사고가 났나' 하는 생각이 도움 될까? 그렇지 않다. 친구들과 노느라 까먹었다고 생각하는 편이 낫다. 어떻게 생각하든 사실은 변하지 않는다. 그러니 기다리는 동안 가장 평정심을 유지할 수 있는 관점을 택하는 게 낫지 않겠는가. 언어 심리학자 브렌트 톨먼은 주어진 상황에서 가장 유용한 관점을 택해야 한다고 말한다. 가장 가능성이 큰 쪽을 헤아려보면, 그 답은 재앙과 거리가 꽤 있을 것이다. 정말 어쩌다 나쁜 일이 생기기도 하겠지만, 그렇다고 매일 최악의 상황을 상상하며 살 수는 없고, 그럴 필요도 없다.

우리는 실수를 부족함의 증거로, 혹은 삶의 과정에서 필연적인 것으로, 혹은 생각지 않게 도움을 주는 것으로 보겠다고 선택할 수 있다. 재구성에는 생각을 주의 깊게 들여다보고 적극적으로 그 방향을 바꾸는 일이기도 하다. 이것은 인지 행동 치료의 기초이다. 또 이것은 마음챙김에 통합된 아이디어이기도 하다.

아이에게 신체의 많은 감각이 생각에서 비롯된다는 것을 설명해주어라. 아이들이 신체와 생각을 연결해 초조하고 슬퍼하고 화가 나고 있다는, 몸의 신호에 주의를 기울이도록 돕는다. 아이들에게 자신의 생각에 '귀 기울이고' 이성적인 생각과 비이성적인 생각을 구분하도록 가르쳐라.

통제력에 악영향을 미치는 습관 중 하나는 항상 최악의 상황을 상상하며 침소봉대하는 것이다. 아이들이 최악을 상상하지 않게 하는 간단한 방법은 화가 날 때마다 '이것은 큰 문제인가 작은 문제인가?' 생각해보라고 가르치는 것이다. 인지행동 치료에서 아이들은 커다란 문제와 일시적 불만을 구분하는 법을 배운다. "이런 일이 일어나면 진짜 문제가 생길 거야"와 "실망은 좀 하겠지만 큰일은 아니야"를 구별하는 것이다. 작은 문제일 경우 방어의 제1선은 마음을 진정시키는 장소를 찾거나 심호흡을 하거나, 제2안 사고를 하거나, 흥분을 가라앉히는 등 자기 위로 기제를 사용하는 것이다. 대부분의 문제는 이런 도구들로도 충분하다. 그러나 문제가 너무 크게 느껴진다면 도움을 구해야 한다.

여섯 번째 훈련 - 신체적 활동, 그리고 놀이

네드의 학생 중에는 불안에 대한 감수성이 높은 여학생이 있었다. 취미로 달리기를 하는 이 학생은 운동에 공부 시간을 빼앗겨서는 안 된다는 부모님의 이야기를 전했다. 물론 최악의 조언이었다.

감정(emotion)이라는 단어는 '움직인다'는 의미를 가진 라틴어 '에모웨레(emovere)'에서 유래되었다. 어원에서도 알 수 있듯 신체와 정신은 연결되어 있다. 몸을 움직이는 두뇌의 부분은 사고를 담당하는 부분과 인접해 있다. 운동과 정신 제어, 즉 실행 기능 사이에는 중첩되는 부분이 있다. 운동이 절제력 향상에 도움 되는 이유가 여기에 있다.

운동은 두뇌와 신체의 여러 부분에 긍정적인 영향을 준다. 즉 안정성, 집중력, 정신적 각성, 차분함을 제공하는 도파민, 세로토닌, 노르에

피네프린 수치를 높인다. 또 BDNF(Brain-Derived Neurotrophic Factor, 뇌 유래신경영양인자)라는 단백질의 생성을 자극하는데, 이 BDNF는 두뇌의 성장에 필수적이고 세포들의 연결을 돕기 때문에 두뇌의 '비료'로 여겨진다. 또 두뇌에 더 많은 포도당과 산소를 공급해 신경조직의 발생, 즉 두뇌 세포의 성장을 촉진한다. 간단히 말해 운동은 사고 자체보다 명확한 사고에 더 유용하다. 전두엽피질의 통제 기능을 자극하고 강화하기 때문이다.

운동은 이완된 각성상태에도 필수적이다. 운동을 많이 한 학생들은 성적의 극적인 향상을 보인다. 핀란드는 여기에서도 으뜸이다. 그들은 수업시간 40분 중 20분의 야외 놀이를 의무화하고 있다.

네드는 그 학생에게 계속 달리기를 하라고 했고 다른 학생들에게도 어떤 운동이든 습관을 들이라고 한다. 물론 이때도 강요하지는 않는다. 유산소 운동은 무산소 운동보다 두뇌에 훨씬 큰 도움이 된다. 단 경험상 적절한 강도는 약간 숨이 차는, 노래는 할 수 없되 이야기는 할 수 있는 정도여야 한다. 힘들지만 기진맥진할 정도여서는 안 된다.

세계적인 신경과학자 아델 다이아몬드는 작업기억, 억제 조절, 인지 유연성을 끊임없이 요구하는 신체적 활동의 중요성을 역설한다. 춤을 생각해보라. 춤을 배울 때는 작업기억을 사용해야 한다. 또한 움직임을 통제하며 음악에 맞추어 동작을 융통성 있게 조정해야 한다. 요가, 무술, 승마, 펜싱, 드럼 연주, 암벽등반 등이 모두 정신과 운동 기술을 이용해 실행 기능을 발달시키는 운동의 범주에 들어간다.

나이를 막론하고 두뇌 건강을 위해 운동을 시키기도 무척 어렵다.

이때 놀이가 큰 역할을 한다. 놀이는 적절하게 기능하는 소뇌를 비롯한 두뇌의 전반적 발달에 필수적이다.

소뇌는 두뇌의 기저에 위치하고 있다. 우리는 100년 전부터 협응 동작이 소뇌에 의해 좌우되며 소뇌를 다치면 똑바로 서기도 힘들다는 것을 알고 있었다. 하지만 소뇌가 사고에 어떻게 영향을 미치는지 알게 된 것은 겨우 몇 년 전이다. 소뇌에 손상을 입은 환자들은 계획을 세우고 단어를 선택하고 물건의 형태를 판단하고 균형 잡힌 그림을 그릴 때 어려움을 겪는다. 이제 우리는 소뇌가 학습의 모든 측면에 작용한다는 것을 알고 있다. 소뇌 기능의 이상은 ADHD, 자폐와도 연결된다. 소뇌는 유전적 영향이 가장 작은 부분이다. 이는 소뇌의 기능이 유전적 형질보다 경험에 의해 결정된다는 의미이다.

아이들은 놀이하며 세상을 배우고 소뇌를 강화한다. 인간만 그런 것이 아니다. 거의 모든 종의 유희성 그래프는 소뇌의 성장과 놀이의 비율이 일치하는 n자 형태를 띤다. 이는 두뇌의 성숙에는 전신을 활용한 놀이가 필요하며 두뇌가 특히 놀이에 민감한 시기가 있다는 것을 시사한다.

소뇌의 건강을 위해서는 계획에 얽매이기보다 아이가 스스로 마음껏 놀이하도록 놓아두어라.

오늘 밤 할 일

- 이 장에서 언급한 운동들을 고려해보고 아이에게 자신이나 가족

모두에게 도움이 될 만한 것이 있는지 물어본다.

- 가족회의를 갖고 적어둔 목표를 서로가 공유한다. 아이들에게 부모와 형제자매의 목표에 대한 생각을 묻고 그들의 제안이 가진 가치를 인정해준다.
- 아이들에게 스스로 목표를 설정하고 그 목표를 달성하는 것을 시각화하도록 격려한다. "다음 주, 다음 달, 다음 학기, 이번 여름까지 하고 싶거나 달성하고자 하는 것이 있니?"라는 질문을 한다.
- 제2안 사고를 가족의 관행으로 만든다. 아이들에게 제1안과 제2안에 대한 당신의 생각을 듣고 싶은지 묻는다. 아이들이 원하지 않는다면 물러선다.
- 신체 단련을 가족관으로 만든다. 아이에게 운동하라고 강요하거나 아이 대신 어떤 활동을 선택하지 않는다. 단 가족 모두가 신체 활동을 생활의 일부로 만드는 것이 중요하다고 설명하고 아이들이 원하는 활동이 무엇인지 결정하는 데 도움을 준다.

학습장애, ADHD, ASD 아이들을 위한 자율성 키우기

·················· 삶의 통제감은 나이를 막론하고 모든 아이들에게 유용하다. 하지만 학습장애, ADHD(Attention-Deficit/Hyperactivity Disorder, 주의력결핍 과잉활동장애), ASD(Autism Spectrum Disorder, 자폐 범주성 장애) 아동의 부모들은 때로 이들이 받는 개입이 아이들의 자주성을 저해하는 문제를 마주한다. 이런 아이들 역시 다른 아이들만큼이나 삶의 통제감이 필요하기 때문이다.

여러 연구는 자폐나 ADHD 아동이 과제에 집중하고, 할 일을 마치고, 교실이나 집에서 적절한 행동을 하도록 돕는 가장 효과적인 방법은 구조화와 외적 동기임을 보여준다. 부모와 전문가는 구조화된 삶을 위해 아이 삶에 중요한 결정을 아이에게 맡기지 않는다. 하지만 우리는 구조화와 자율성이 상호 배타적이라는 개념에 동의하지 않는다. 우리는 이런 아이들에게 높은 정도의 구조화와 조직적인 지원이 꼭 필요하지만, 그것은 '그들이 반항하지 않는 한에서'라는 입장이다. 학습장애나 기타 특별한 욕구를 가진 아이들은 자신에 대한 도움이 '없다'고 느낄 때 학습 능률과 성과가 높아진다. 보상 등의 외적 동기는 되레 내적 동기를 저해할 수 있어 주의해야 한다.

많은 부모가 특수 아동이 스스로의 삶을 위한 적절한 결정할 수 없으리라 생각한다. 보통의 아이라면 자신이 들을 수업을 선택하거나 방과 후 심화학습 프로그램에 참여할지 결정할 수 있지만, 아이가 ADHD라면 그럴 수 없을 것이라고 말이다. 하지만 우리는 이런 의견에 반대한다. 수십 년간의 연구를 통해 우리는 특수 아동도 결정에 필요한 정보가 주어지고 압박감을 느끼지 않으면 얼마든지 적절한 선택을 할 능력이 있다는 것을 확인했다. 그들 역시 다른 아이들만큼 자신에 대해 잘 알고 있다. 그들 역시 자기 삶이 성공적이기를 원하고, 자신들에게 제공되는 도움과 성과 향상을 가능케 해주는 조정을 기꺼이 받아들인다.

한 연구에 따르면 학습장애 초등학생과 중학생이 가정에서 자율성을 느낄 경우, 학교에서 더 나은 성과를 올리며 개인적인 좌절을 보다 유연하게 헤쳐나가는 경향이 있었다. 두 번째 연구는 자율성 측면에서 교사에게 높은 점수를 준 고기능 자폐증 학생은 학교에서 우수한 자기결정 능력을 보였으며, 이는 다시 높은 학업 능력으로 이어졌다. 플로리다 국제대학의 마가렛 시블리가 개발한 ADHD 청소년과 부모에 대한 새로운 치료 접근법은 10대의 자율성 증진을 특히 강조한다.

빌은 특수 아동들이 자신의 삶에 대한 삶의 통제감이 있을 때 더 성공적으로 산다는 것을 오랜 세월에 걸쳐 봐왔다. 두뇌가 작동하는 방식을 생각한다면 그 이유를 바로 파악할 수 있다. 두뇌는 쓰는 만큼 발달한다. 아이들이 통제에 대항하려는 시도에만 익숙한 두뇌로 개발시키면 안 된다. 우리는 학교에서 문제를 겪거나 충동조절장애가 큰 문제라는 것을 알고 있다. 동시에 삶의 통제감이 스트레스를 줄이고 건강한 두뇌 성장을 이끈다는 것도 알고 있다. 특수 아동들의 경우에는 이런 혜택이 더 중요하다.

이 장은 모두에게 관련된 부분은 아니다. 하지만 생각보다 훨씬 많은 사람과 관련 있다. 2013~2014년에 특수교육 서비스를 받은 미국 청소년은 650만 명이었다. 학생들의 20%가 학습장애였고, 11%는 ADHD, 68명 중 1명은 ASD였다. 이런 통계는 학습, 주의력, 사회적 장애의 실제 유병률보다 훨씬 낮은 예측치일 것이 분명하다. 아직 진단을 받지 않은 장애 학생들이 빠져 있기 때문이다. 보다 현실적으로 볼 때, 자녀가 3명인 가정이라면 1명 이상의 자녀가 학습장애나 ADHD, ASD일 가능성이 크다.

이 장에서 특수 아동의 양육법에 관해 포괄적으로 다룰 수는 없다. 대신에 우리는 이런 아이들에게 삶의 통제감을 주는 데 방해가 되는 요인들이 무엇인지 보여주고, 주의 깊게 대응한다면 특수 아동에게도 삶의 통제감을 길러줄 수 있다는 확신을 주고 싶다.

학습장애

마이클은 총명하고 상냥한 아이였지만, 수학 공부와 감정 조절에 어려움을 겪고 있었다. 오전부터 시작한 테스트는 수월하게 시작했다. 하지만 마이클은 수학 문제를 접하고서는 극도로 스트레스를 받으면서 자제심을 잃기 시작했다. "아니야, 아니야, 아니야!"라고 외치기 시작했고 테스트를 진행자에게 소리를 질렀다. 대기실에서 마이클을 잠시 진정시킨 후 빌은 그의 어머니와 테스트를 계속 진행할지, 다른 날 다시 방문할지에 대해 이야기를 나누었다. 마이클은 그 말을 듣고 테스트를 그만두고 테스트의 보상으로 장난감 가게에 가야 한다고 외쳤다. 빌 역시 테스트를 중단하기를 바랐다. 공황 상태에 빠진 두뇌로는 수학 시험을 치를 수 없었다.

빌은 마이클에게 따로 수학 문제를 풀면서 왜 그렇게 흥분했는지 물었다. 마이클은 당황스러웠고 좌절감을 느꼈다고 했다. 빌은 마이클의 대답에 귀를 기울인 후 편도체가 과열되어서 두뇌의 다른 부분에 위험 경보가 울린 것이라고 말해주었다. 빌은 마이클이 수학을 잘 못해서 당황하거나 좌절할 수 있다는 것도 이야기했다. 즉, 마이클은 위협에서 벗어나기 위해 필요한 일을 한 것이다. 이후 빌은 그에게 어려운 수학 문제를 푸는 중에도 안정감과 삶의 통제감을 느낄 방법을 찾을 수 있다면 그날 오후에 테스트를 끝낼 수 있을 것이라고 했다. 대화를 나누며 빌이 보기에 마이클은 빌과 빌의 강아지 어니가 있다면 안정감을 느낄 수 있을 것 같았다. 그들은 빌의 사무실로 가서 어니를 옆에 앉혀두고 수학 테스트를 마치기로 했다. 스트레스를 받기 시작하면 마이클은 테스트를 중단하고 몇 분 동안 어니와 놀았다. 2~3분 후 마이클은 어니를 쓰다듬고 콧노래를 부르면서 수학 문제를 풀고 있었다. 이것은 아이의 삶의 통제감을 높임으로써 아이들이 어렵고 좌절감을 준다고 여기는 과제도 열심히 할 수 있다는 것을 보여주는 극적인 사례이다.

제롬 슐츠는 《숨을 곳이 없다(Nowhere to Hide)》에서 학습장애 학생들이 직면하는 스트레스 요인들을 조명하면서, 이런 아이들은 학교에서 교사와 친구들로부터 자신의 부족함을 감출 수 없는 경우가 많다는 점을 강조한다. 그는 학습장애 학생들은 다른 '모든' 아이들이 가지고 있는 걱정(점심시간에 다른 테이블에 앉은 것에 대해서 친구가 아직도 화가 나 있는지) 외에도 멍청하다는 놀림을 받거나 특별한 도움이나 조정이 필요한 학생으로 평가받는 것에 대한 걱정까지 안고 있다고 지적한다.

학습장애 학생들에게는 분명히 그런 조정이 필요하다. 그들에게는 이상적으로라면 1대 1로 도움을 주는 독서, 수학 전문가가 필요하다. 개입의 강도는 학습장애 학생들의 좋은 결과를 예측하는 가장 중요한 변수이기 때문이다. 문제는 아이들이 특수교육을 받기 위해 일반 학급에서 나올 때 강요받는 느낌과 원망의 마음이다. 그들은 과외, 언어 치료 수업에 '보내졌다'고 받아들인다. 강요받았다고 느끼는 아이들은 자신에게 도움이 되는 일에도 저항한다. 삶의 통제감을 되찾기 위해서 말이다.

많은 학습장애 학생이 이런 도움에 감사하기보다는, 이런 수업을 하게 하는 부모와 교사에게 문제가 있다고 여긴다. 이런 긴장은 모든 아이에게 영향을 주지만 특수 아동에게 특히 중요한, 관계를 해친다. 결국 강요로 해석되는 도움은 큰 도움이 되기 어렵다는 말이다. 부모에게 이 상황이 특히 스트레스인 이유는 도움이 없다면 아이가 더 뒤처질 것을 알기 때문이다. 부모와 교사들은 공부에 필요한 충분한 도움을 제공하는 한편, 아이의 자율성을 북돋우며 도움이 강요로 해석되지 않도록 아슬아슬한 줄타기를 해야 한다. 그렇다면 이 줄타기는 어떻게 해야 할까? 그 3가지 단계를 소개한다.

필요치 않은 숙제

학습장애가 있는 아이의 숙제는 온 가족에게 심각한 스트레스일 수 있다. 아이가 책 읽기에 어려움을 느낀다면 저녁 시간에 30분간의 책 읽기 숙제가 끔찍한 벌로 느껴질 것이다. 마찬가지로 수학 문제 20개를 푸는 숙제는 뜨거운 아스팔트 위에서 100m 달리기를 하는 것 같은 느낌을 줄 수 있다. 이때 아이의 감정에 공감해주면 좋다. 숙제를 안 해도 된다는 말이 아니다. 그 정반대이다. 아이가 정신 차리고 어려운 일을 연습하는 데 시간을 할애하고 있다면 적극적으로 지원해준다. 단 아이가 읽기에 문제가 있고 책 읽기를 싫어한다면, 책을 읽어주거나 오디오북을 들려준다. 언어가 글로 되어 있든 말로 되어 있든, 언어 이해에는 동일한 두뇌 시스템이 관여한다. 이는 책을 읽든 오디오북을 듣든 독해에 관여하는 두뇌의 같은 부분이 발달한다는 의미이다.

자기 이해를 장려한다

아이가 자신의 문제는 물론 강점도 이해하도록 돕는다. 혼자서 역부족이라는 느낌이 든다면, 학습장애 분야의 전문가나 교사에게 아이의 강점과 약점을 아이에게 이야기해달라고 부탁한다. 아이가 이런 문제가 '정상적'이라는 점도 이해하도록 돕는다. 아이들에게 3명 중 1명의 아이가 일정 유형의 문제가 있다고 말해준다. 이것은 다르다는 데에서 오는 스트레스를 완화해준다. 학습장애는 부분적으로 유전이다. 아이에게 비슷한 문제를 겪던 가족, 특히 인생을 원만하게 살아온 가족의 이야기나, 수많은 유명인이 어린 시절 난독증을 비롯해 수학이나 읽기, 쓰기 등의 학습장애가 있었다는 이야기도 들려준다. 이런 사례는 잠깐만 검색해도 넘치도록 나온다. 그 외에도 학습장애 학생들은 대기만성형인 경우가 많다는 점을 설명한다. 그들에게는 인내가 필요할 뿐이다.

도움을 주되 강요하지 않는다

자원 서비스, 과외, 언어 치료사나 병리학자와 하는 과외의 장단점을 자세히 설명하되, 터무니없는 이유가 아니라면 아이에게 결정권을 준다. 자발적으로 하는 주 1회의 과외는 억지로 하는 주 2회의 과외보다 훨씬 효과가 크다. 하지만 아이가 생각하는 것보다 많은 도움이 필요할 때는 협상이 필요하다. 추가적인 과외는 아이가 대부분의 아이 친구들보다 더 많은 양의 공부를 해야 한다는 의미라면, 그가 이런 '시도'를 해보는 데 대해 보상책을 제공한다. 하지만 이 역시 도움이 안 될 때는 바로 그만둘 수 있다는 점을 강조한다.

저학년 학생이 특별한 도움을 거부한다면 이렇게 말할 것을 권한다. “부모로서 네게 적절한 도움을 주는 게 내 일이야. 학습 전문가들이 너에게 이것이 필요하다고 말하기 때문이지. 그렇지만 나는 네게 정말 유용한 도움을 주고 싶어. 학교에서 특수교육 선생님과 공부하기가 싫다면 따로 과외를 해볼 수도 있고, 과외가 도움이 되지 않는다면 또 다른 방법을 찾아볼 거야.” 처음에는 싫어하는 아이들도 과외 선생이나 특수교사를 좋아하게 되고 자신들을 ‘이해’하는 이들에 감사하게 된다. 아이들 스스로가 잘 살아가기를 바라기 때문에 강요받는 느낌을 받지 않는 한 결국은 깨달음을 얻게 된다.

ADHD

빌은 임상에서 매년 수백 명의 ADHD 청소년과 성인을 평가한다. 어떤 이는 ADHD에 당혹하거나 심지어는 수치스럽게 여기는 반면, 어떤 이는 문제를 수용하고 유머의 소재로 삼기도 한다. 빌은 이런 글이 적힌 티셔츠를 입고 오는 10대들을 본 적이 있다.

‘부모님은 내가 말을 잘 못 알아듣는다고 하셨… 던가?’

‘정리 잘하는 사람은 물건 찾기가 귀찮을 정도로 게으른 것이다.’

아주 좋은 흐름이다. 자신의 문제를 위트 있게 바라볼 수 있다는 것은 자기 인식을 이용해서 ADHD를 관리하고 삶의 통제감을 강화할 수 있다는 의미이다.

그 정의상 ADHD 아동은 주의를 통제하는 데 문제가 있다. ADHD는 '부주의 양상(predominantly inattentive presentation)'으로 집중력이 낮고 체계적이지 못한 경우와, '복합 양상(combined presentation)'으로 부주의 양상에 더해 충동적이거나 과잉행동을 하는 경우가 있다. ADHD 아동은 지시받은 일은 물론, 자신에게 중요하거나 원하는 일도 지속하기가 어렵다. 또 기본 도파민 수치가 낮고 도파민을 효율적으로 사용하지도 못한다. 결과적으로 그들은 크고 장기적인 보상보다 작더라도 즉각적인 보상을 선호한다. 우리가 5장에서 설명했듯, 도파민은 주로 쾌락에 연관된 것으로 알려졌었지만 최근의 연구는 동기, 추진력, 노력과도 밀접한 관계가 있다는 것이 밝혀졌다.

코네티컷대학의 존 살라모네는 도파민, 동기, 노력 사이의 관계를 명확히 하는 데 도움을 주었다. 그는 쥐와 음식을 두고 실험했다. 두 덩이의 음식이 있는데 하나는 그들에게 가까이 있지만 작은 덩이이고, 하나는 작은 장애물 뒤에 있지만 크기가 2배인 덩이였다. 도파민 수치가 낮은 쥐들은 거의 예외 없이 가까이 있는 작은 덩어리를 택했다. 살라모네는 이렇게 설명한다. "도파민 수치가 낮을 땐 열심히 노력할 가능성이 작다. 도파민은 쾌락 자체보다 동기부여와 비용-편익 분석에 더 깊은 관련이 있다." 우울증 환자에 대한 연구는 도파민이 동기부여에 주는 영향을 보여준다. 도파민 수치가 낮을수록 울타리를 넘지 않게 된다. 사람으로 치면 침대에서 나오려고도 하지 않는 셈이다.

충동 억제에 미숙한 사람들은 후회되는 방식으로 행동하는 경우가 잦고, 그 결과 자신감을 잃는다. 계속 교정하거나 중단시키는 식으로,

그들이 자기 의지로 행동하면 안 되는 것처럼 대한다면 상황은 더 악화된다. 또한 ADHD 아동은 사고와 행동이 불일치하는 경향이 강하다. 뇌주사腦走查 연구를 보면 집중하려 할수록 두뇌 활성화 정도는 낮아지는 것이다. 결국 스트레스는 주의력을 저하시킨다는 것을 기억하라. "더 열심히 노력하라"라는 말은 그들에게 독이 될 뿐이라는 말이다. 아이들이 아침에 옷을 입는 데 어려움을 겪고 있다면 절대 하지 말아야 할 일은 무엇일까? 끊임없이 잔소리하면서 아이에게 스트레스를 주는 일이다.

ADHD 아동을 위한다는 명목으로 그들을 스스로에게서 보호하려고 한다. 이것은 단기적으로는 도움이 될지 모른다. 실제로 많은 ADHD 아동이 공부에 관련된 영역 전반에서 조직적인 도움이 필요한 것은 사실이다. 하지만 시스템을 아이에게 강요하거나, 엄마가 시스템을 관리하는 경우에는 아이들의 삶의 통제감을 저해하고 공부에 대한 동기부여를 방해하며, 삶의 통제권이 자신에게 없다는 생각을 강화하게 된다. 이 경우 아이가 스스로 삶을 책임져야 한다는 자각의 순간이 계속 늦춰진다.

마가렛 시블리는 ADHD의 10대들은 혼자서 일을 시작하고 집중력과 노력을 유지하기 어렵기 때문에 독립적인 기술을 발달시킬 기회를 놓친다는 점을 지적한다. 이는 자신이 과제를 회피해서일 수도, 계속해서 도움을 주는 성인들의 경향 때문일 수도 있다. 시블리는 ADHD 자녀를 둔 부모의 40%는 아이가 10대가 되었을 때 무력감과 절망감을 느끼고 비개입적 양육 태도로 전환하는 반면, 다른 40%는 더 고삐를 단단히 죄고 자녀의 일상에 과도하게 관여하는 것으로 추정했다. 빌은 후자의 경우를 항상 목격한다. 그는 숙제에 문제를 겪는 ADHD 아동들에게 종종 이렇게 묻는다. "과제를 제때 제출하지 못하면 누가 가장 화를 내니?" 대다수의 아이들은 이렇게 답한다. "엄마요." 빌이 "그다음으로 화를 내는 사람은 누구지?"라고 물으면 아이들은 보통 이런 답을 한다. "아빠요. 그다음은 선생님. 다음은…" 아이 자신은 목록에도 들어가지 않는다.

도움을 주는 어른들의 의도는 물론 선할 것이다. 하지만 아이를 스스로에게서 보호하려는 노력은 그를 점점 더 약하게 만든다. 결국 아이의 숙제는 아이의 문제이며, 아이보다 부모가 더 노력하는 상황은 아이에게 전혀 도움이 되지 않는다는 사실을 수용해야 한다.

도움을 주되 강요하지 말라. 일부 아이들에게는 반대와 저항이 삶의 통제감을 유지하고 스트레스와 싸우는 방법이라는 것을 유념해야 한다. 아이들이 그들의 두뇌에서 무슨 일이 일어나고 있는지, 필요한 도움을 어떻게 요청하는지 반드시 이해하도록 해야 한다. 아이들이 과제나 아침에 학교 갈 준비를 하는 데 동기부여가 필요하다면 보상을 제안할 수 있다. 보상은 단기적으로는 도파민 분비를 늘리는 효과적인 유인이지만, 아이가 '당신'이 원하는 일을 하게 하는 수단으로 생각해서는 안 된다. 아이에게 시간이 지나며 차츰 일이 쉬워지고 나아질 것이라는 점을 일깨워준다.

10대가 되면 ADHD 증상 대부분에서 벗어나거나, 스스로 어느 정도 통제 기법을 익히게 되는 아이도 있다. 자녀가 열심히 노력하고 있다면 상황은 좋아질 것이다. 하지만 ADHD 아이와 그 부모는 ADHD 때문에 전두엽피질의 성숙이 같은 나이의 다른 아이들에 비해 몇 년쯤 뒤처질 수 있다는 것을 이해해야 한다. ADHD 아이 중에 대기만성형이 많은 이유도 여기에 있다. 전두엽피질이 성숙하며 일전에 잘 못하던 일을 할 수 있게 되기까지 '기다려야' 하기 때문이다. ADHD 아이의 부모는 아이들이 스스로에게 인내할 수 있도록 격려해줘야 한다. 이 격려는 아이에게 희망과 자신감을 전하는 메시지인 동시에 성장의 사고방식을 촉진하는 메시지이다.

보통 ADHD 아동들은 애더럴, 콘서타, 리탈린 같은 자극제를 복용하는데, 이에 관한 문제도 있다. 많은 아이, 특히 10대는 약을 복용하면 집중력이 높아지기는 하지만 약을 복용하는 당시의 기분이 좋지는 않다고 한다. 이때 아이들에게는 약 복용을 강요하지 않는 동시에 아이가 안 좋은 기분을 느끼길 누구도 원치 않는다고 말해줘야 한다. 최소한의 부작용으로 생활이 눈에 띄게 개선되는 경우에만 약의 복용을 권한다. 또 약마다 부작용이 다르며 좀 더 맞는 약을 찾아볼 수 있다고도 말해줄 수 있다.

아이가 ADHD 증상의 개선 방법을 찾는 데 동기부여가 되었다면 몇 가지 선택안이 있다. 인지 행동 치료와 협력적 문제 해결법은 이미 살펴봤다. 다른 방법으로 운동이 천연 도파민 생성을 촉진한다고 알려줄 수 있다. 그리고 약이 ADHD 증상을 줄이고, 불안감을 줄이고, 두뇌 기능을 개선하는 데 유용하다는 것을 보여준다.

2009년 빌과 그의 동료 사리나 그로스왈드는 초월명상이 ADHD 중학생에게 미치는 영향을 연구했다. 먼저 ADHD의 10대 초반 학생들도 앉아서 15분간의 명상을 할 수 있었다. 3개월 동안 하루 2번씩 명상을 한 학생들은 스트레스와 불안 증상이 43% 감소했고, 행동 조절과 감정 통제가 더 나아졌다. 뇌파 분석 전문가인 프레드 트레비스는 초월명상이 ADHD 중학생의 뇌파 활동에 미치는 영향을 관찰했다. 여기에서 흥미로운 발견이 있었다.

ADHD 아동의 경우 세타파가 베타파에 비해 대단히 강한 것이 보통이다. 대상자는 임의로 두 집단으로 나누어 한 집단은 초월명상을 먼저 시작하게 하고, 나머지 한 집단은 시작 시기를 늦추었다. 후자의 집단은 전자의 집단이 초월명상을 시작하고 처음 3개월 동안 명상을 하지 않는 통제 집단의 역할을 맡았다. 연구가 시작되고 3개월 후 통제 집단의 세타파·베타파의 비율은 높아진 반면 초월명상 집단은 정상 비율에 가까워졌다. 6개월이 지나, 두 집단 모두 초월명상 기법을 실천하고 있는 상황이 되자 세타파·베타파 비율은 두 집단 모두 감소했다.

마음챙김 명상이 아이들의 ADHD 증상을 개선할 수 있는지 많은 연구가 이뤄지고 있다. 잘 통제된 연구는 많지 않지만, 마음챙김 실천이 도움이 될 수 있다는 것을 보여주는 유망한 증거는 있다.

물론 적절한 약물보다 나은 방법은 없다. 그러나 스트레스 수치를 낮추는 다른 방법들도 ADHD 아동의 두뇌가 효율적으로 작동할 수 있게 큰 도움을 준다.

네드는 최근 경증의 학습장애와 ADHD가 있는 닐과 만났다. 그는 자신에 대해서 놀라울 정도로 잘 파악하고 있었고, 성공적으로 살기 위해 필요한 것이 무엇인지도 잘 알고 있었다. 닐은 좋아하는 과목과 그렇지 않은 과목에 대해 이야기를 나눈 후, 네드는 그에게 취미가 무엇인지 물었고 그가 비디오게임을 무척 좋아한다는 것을 알게 되었다.

네드: 게임은 얼마나 하니?

닐: 많이요.

네드: 학교 공부를 하는 데 방해가 되지는 않니? 아니면 다른 일을 다 잘 해내니?

닐: 학교에서 낮 동안에 숙제해요. 5시가 되면 약 기운이 떨어져서 일하는 데 2배의 시간이 걸려요. 그래서 집중할 수 있을 때 빨리 숙제를 해두는 거예요.

네드: 그거 마음에 든다. 일을 미루어두었다가 효율이 떨어지는 밤에 하느라고 시간을 2배로 쓰는 사람들이 얼마나 많은데.

닐: 숙제를 해두면 비디오게임을 할 수 있어요.

네드: 게임하는 시간을 관리할 수 있니? 아니면 밤을 새면서 하니?

닐: 저는 지치는 게 싫어요. 지치면 집중을 할 수가 없어요. 그래서 늦게까지 깨어 있지 않아요.

이 대화는 ADHD 아동에게 자기 인식, 절제력, 자기통제가 불가능하지 않는다는 전적인 방증이다. 주의 지속 시간이 짧거나, 흥미 없는 일에 집중력이 떨어지거나, 적절히 행동하는 데 문제가 있는 아이로 살기는 쉬운 일이 아니다. 물론 그런 아이를 키우는 것도 어려운 일이다. 하지만 다른 모든 아이들과 마찬가지로 ADHD 아동도 자율성을 기르며 적절한 기능을 발달시키면 역시 행복한 삶을 살 수 있다. 물론 그런 아이들을 키우는 일도 한결 쉬워질 것이다.

아이와만 보내는 시간을 갖거나 긍정적인 관심을 갖거나, 자연스럽고 논리적인 결과와 협력적 문제 해결법을 사용하는 것만으로는 충분치 않은 경우들이 있다. 아이의 행동이 통제되지 않거나 계속해서 좋지 않은 결정을 하거나, 또는 아이가 스스로 동기부여가 되지 않는다면 우리는 단기적으로라도 보상과 결과가 포함되는 구조적인 행동 프로그램을 사용하기를 권한다.

ASD

자폐 아동은 ASD를 정의하는 사회화의 어려움과 경직성 외에도 스트레스 내성과 자기 동기부여에 문제가 있다.

ASD 청소년의 뇌는 매우 쉽게 스트레스를 받도록 이루어진 것처럼 보인다. 많은 과학자가 이것이 편도체와 전두엽피질 내 회로 사이 연결 이상 때문이라고 생각한다. ASD 아동은 낯선 환경이나 상호작용을 모두 스트레스 요인으로 받아들인다. 새로운 교실과 치료사를 안전하다고 느끼기까지 6개월의 시간이 필요하다. 모임이나 현장 학습은 특별한 선물이 아니라 학교생활의 예측 가능성을 떨어뜨리는 장애가 된다.

또 ASD 아동들은 감각 세계를 대부분의 아이들보다 더 큰 위협으로 받아들인다. 보통 그들은 사회의 담론에 대한 이해 부족과 행동을 조절하는 데 어려움을 느끼기 때문에 삶의 통제감이 떨어진다. 한 이론에 따르면, 많은 ASD 아동이 혼돈으로 느껴지는 세상에서 질서 의식을 유지하기 위해 몸을 계속 흔들거나 움직이거나 반복해서 말하는 경직 행동을 택한다고 한다. 이런 경직성은 적응력을 저해한다. 당연히 ASD 아동에게는 불안장애와 수면장애가 매우 흔하다.

ASD 아동에게는 새로운 것이나 예측 불가능한 가능성을 줄여서 삶의 통제감을 높이는 전략이 효과적이다. 스트레스 유발의 NUTS를 기억하라. 이런 전략에는 학교 활동 계획을 그림으로 표현한 스케줄표, 아이들에게 세상 이야기 들려주기, 타인과 사회적 관계를 이해시키기, 지나치게 스트레스를 받았을 때는 안전한 장소 마련해주기 등이 포함된다. 이런 개입들은 ASD 아동이 안정감을 느끼게 한다. 이 과정에서 ASD 아동은 생각을 통제하는 법을 배울 수 있다. 제2안 사고를 이용해 아이들에게 화가 났을 때 "큰 문제인가? 중요치 않은 문제인가?"라고 자문할 수 있게 하는 새로운 프로그램이 있다. 여러 연구가 인지 행동 기법, 요가, 마음챙김 명상 훈련, 초월명상 같은 다른 스트레스 감소 실천법들 역시 ASD 아동에게 큰 희망을 준다는 것을 보여준다. 이런 전략들은 스트레스를 줄여 공부에 집중할 수 있게 하고, 두뇌의 사회적 참여 시스템을 보다 효과적으로 활성화한다.

ADHD 아동에게 초월명상이 미치는 효과에 대한 빌의 예비 연구에서, 빌은 가장 극적인 효과를 본 학생들 중 하나가 자폐 진단을 받았다는 것을 알게 되었다. 그는 초월명상을 시작하기 전에 눈을 맞추지 못하고 소외되어 있었으며, 학교에 친구가 전혀 없었다. 3개월의 명상 후에 그의 교사는 그가 다른 아이들과 있을 때 농담을 하기 시작했고 다른 아이에게 자신의 집에서 비디오게임을 하자고 이야기했다. 심지어 그는 비디오게임을 좋아하는 아이들을 대상으로 새로운 클럽을 만들기 위해 교장과 면담을 신청했다. 스트레스 반응을 줄임으로써 다른 아이들과 어울리는 데 필요한 두뇌의 부분을 활성화시킬 수 있었던 것이다.

빌의 두 번째 연구에서, 한 ASD 학생은 부모가 여러 가지 정신질환 약을 줄여서 결국에는 약을 먹지 않는 데 동의해준다면 명상을 시작하겠다고 말했다. 정신건강의학과 의사의 도움으로 이 학생은 명상을 시작했고, 연구 말미에 그의 교사는 빌에게 그가 그 어느 때보다 학교생활을 잘 해내고 있다고 전해주었다. 아이들이 명상을 한다고 약물이 필요 없다는 의미가 아니다. 다만 ASD 아동도 규칙적으로 명상을 할 수 있고 극적인 효과를 볼 수 있다는 의미이다.

빌은 최근 ASD 고등학생의 평가를 맡았다. 그는 부모와 함께 요가를 기반으로 하는 이완 기법, '요가 니드라'를 연습하고 있었다. 그 부모는 이 기법을 함께 연습하면서 학생의 일상생활이 극적으로 나아졌다고 전했다. 빌은 요가 수련을 얼마나 하느냐고 질문했다. 일주일에 한 번뿐이라는 대답은 빌을 무척 놀라게 했다. 그렇게 큰 차이가 있는데 왜 매일 수련을 하지 않느냐고 묻자 그들은 이렇게 답했다. "매일 해야겠다는 생각을 해보지 않았어요."

자폐에 대한 가장 좋은 개입으로 입증된 응용 행동 분석(applied

behavior analysis, ABA)은 미리 정해진 목표와 보상과 부정적 결과를 포함한 일련의 구체적 행동 전략을 이용해서 ASD 아동에게 영향을 주며, 자율성을 증진에는 최소한의 관심만을 둔다. 표면적으로는 우리의 주장과 반대되는 것 같지만 ASD 아동은 두뇌의 동기부여 시스템이 다르다는 점을 잊지 말아야 한다. ASD 아동은 대부분의 아이들에게 동기를 부여하는 사회적 보상, 즉 부모의 미소나 칭찬에 반응을 보이지 않는다. 정확한 목표를 세우고 표적 행동을 강화하는 구체적인 보상을 사용하는 ABA는 ASD 아동이 타인과 관계를 맺고, 언어 기술을 발달시키고, 사회적으로 수용되는 방식으로 행동하게 하는 데 대단히 효과적인 경우가 많다. 보상, 압박, 제약을 통해서 ASD 아동의 행동을 통제하는 치료적 접근법은 아이가 자율성을 개발해야 하는 경우에 필요한 기본적 기술을 구축하는 데 유용하다.

동시에 많은 자폐증 전문가들은 행동 요법이 자율성에 대한 집중과 결합되어야 한다고 한다. 이 분야의 실제적 연구는 매우 적지만, 위에서 언급했듯이 하나 이상의 연구가 부모와 교사가 자율성을 지지했을 때 ASD 아동이 학업이나 사회적인 면 양쪽 모두에서 개선을 나타낸다는 것을 보여주었다. 빌은 자폐증 전문가들과의 대화를 통해 자폐증 아동이 자기 동기부여가 되고 독립성을 기르기 위해서는 '반드시' 자율성을 경험해야만 한다는 결론을 도출했다. 그들은 스스로를 자기 행동의 선도자로 인식하고 자신의 인생을 어떻게 이끌어나갈지에 대한 선택권이 있다고 느낄 수 있어야 한다. 따라서 ASD 아동의 자율성 증진에

역점을 둬야 한다. ASD가 있는 성인의 대부분이 자기 동기부여가 어렵고 스트레스 내성이 낮아 직업을 갖는 데 어려움을 겪고 있다는 사실에 근거하면, 가능한 어릴 때부터 자율성과 자기결정 능력의 증진을 강조하는 것이 대단히 중요하다.

부모들은 가능한 아이들의 열정에 민감하게 반응하고 ASD 아동이 자신의 에너지를 관심 분야에 돌려서 몰입을 경험할 수 있게 해주어야 한다. 만화나 공룡 등 강한 관심을 표현하는 일은 ASD 아동이 다른 아이들과 유대를 형성하는 수단이 될 수 있다. 끼리끼리 모인다는 말은 ASD 아동에게 무척 긍정적으로 작용할 수 있다.

ASD 청년 오웬 서스킨드는 퓰리처상 수상자인 그의 아버지 론 서스킨드가 쓴 아름다운 책, 《인생을 애니메이션처럼(Life, Animated)》의 주인공이다. 이 책에서처럼 빌은 오웬이 세 살 때부터 대학을 졸업할 때까지 치료를 맡았고 월트 디즈니 영화에 대한 오웬의 놀라운 열정에 대해서 그나 그의 부모와 엄청나게 많은 대화를 나누었다. 어린 시절 오웬은 디즈니 영화를 반복해서 보았고, 이 가상의 세상에서 그는 안전함과 삶의 통제감을 느꼈다. 그는 남몰래 영화의 캐릭터들을 그리기 시작했다. 시간이 흐르면서 오웬의 몰입은 그의 뛰어난 예술적 재능을 꽃피웠다. 이는 삶과 이 세상에서 우리가 서로에게 가져야 하는 책임감에 대한 깊이 있는 이해를 가져다주었다.

오웬은 14세가 되었을 때 죽음을 앞둔 할아버지와 시간을 보내면서 그가 좋아하는 영화들의 주제와 도덕적 교훈을 활용해 할아버지를 안심시킬 수 있었다. 다른 가족들은 무슨 말을 해야 할지, 어떤 행동을 해야 할지 몰라서 오웬의 할아버지가 계신 위층에 올라가는 것을 피하고 있었지만, 오웬만큼은 해야 할 일이 무엇인지 알고 그 일을 멋지게 해냈다. 과거 ASD 아동은 강한 관심을 보이는 일을 하며 쉽게 좌절을 맛보곤 했다. 그러나 오웬 같은 아이들은 우리로 하여금 생각을 바꾸게 했다. 현재는 ASD 아동이 깊은 관심과 열정을 보이는 일을 이용해서 보다 큰 세상을 살아나가는 데 도움을 주는 '애착 치료(affinities therapies)'에 대한 컨퍼런스가 열리고 있다.

ASD 아동과 일을 하는 전문가들은 이렇게 말한다. "ASD 아동 한 명과 만났다면, ASD 증상 하나를 본 것이다." 범주가 너무나 넓기 때문에 부모들은 '자신'의 아이를 기반으로 접근법을 조정하는 대담함을 갖추어야 한다. 캐슬린 애트모어는 국립 아동병원의 자폐증 전문의이며 ASD 자녀를 둔 어머니이기도 하다. 그녀는 ASD 아동 중에는 친구를 만들고 무리의 일원이 되기를 바라는 아이가 있는가 하면, 자신만의 세상에 있는 것에 만족하는 아이도 있다고 지적한다. 이렇게나 다른 아이들에게 같은 처방을 한다는 건 말이 되지 않는다. "아이들이 친구들과 사귀기를 원한다면 사회적 이해와 사회적 기술을 개발하는 데 집중하는 주 30시간의 개입을 추천합니다." 그녀의 말이다.

"이런 아이들은 그런 개입을 이용하는 데 의욕을 보일 것이고 큰 도움이 될 것입니다. 그러나 사람들과 어울리는 일에 동기부여가 되지 않는 아이들에게 사회적 상호작용을 강조하는 개입은 큰 스트레스가 되며 전혀 효과도 없습니다. 사회성을 키우려는 모든 시도에 계속해서 저항하게 될 것이기 때문입니다. 때문에 가장 잘 아는 사람이 바로 우리라고 생각하고 그들의 생각을 고려하지 않고 치료법을 적용할 것이 아니라 아이가 어떤 아이인지, 그들에게 중요한 것이 무엇인지 반드시 생각해보아야 합니다."

이 장에서 권하는 방법들은 말처럼 쉽지 않다. 특수한 도움이 필요한 아이의 부모는 아이의 미래와 그들의 부정적인 행동이 형제자매에게 미칠 영향에 대해 걱정하고 종종 자책감을 느낀다. 이런 걱정에 병원을 예약하고, 아이를 매일 병원에 데려가며, 아이의 까다로운 행동을 관리까지 해야 한다. 여러 연구를 통해 ASD의 성년 초반 자녀를 둔 엄마들의 평균 코티솔 수치는 전장에 있는 군인과 비슷한 수준이라는 것이 밝혀졌다.

알다시피 아이들은 부모의 스트레스를 눈치챈다. 하지만 아이가 자신의 스트레스를 관리하기는 어렵고, 가족 전체가 아이의 문제를 중심으로 조정되기가 쉽다. "조니에게 숙제가 있는 날이면 외식을 할 수 없어." 이런 모든 것은 행복을 포기하는 것일 뿐이다. 아이는 이 사실을 반드시 알아차린다. 그래서 아이가 어려움을 겪고 있을 때 부모가 가장 먼저 할 일은 불안해하지 않는 존재가 되는 것이다.

부모는 아이 문제, 일상적인 스트레스 등을 겪고 있을 것이다. 어쩌면 아이와도 싸우고 있을 것이다. 숨을 크게 쉬어라. 행동하기 전에 두뇌가 과부하되지 않도록 하라. 네드가 맡았던 한 가정에는 ASD 아동이 있었다. 가족 모두 불안이 대단히 큰 상태였다. ASD가 있는 아이가 명상을 시작했고, 엄마도 명상을 시작했다. 대단히 힘들 것이 분명한 상황에도 엄마는 눈에 띄게 침착해졌다. 엄마의 차분함이 아이들의 모든 문제를 없애지는 못하겠지만, 적어도 상황을 더 악화할 리는 없다. 명상이 맞지 않는 사람이라도 걱정할 필요는 없다. 아이를 지지하고 지원하는 것처럼, 우리 자신에게도 도움이 되는 일을 해야 한다.

오늘 밤 할 일

- 숙제와 관련된 스트레스를 최소화할 수 있는 일이라면 무엇이든 한다. 아이가 심각한 학습장애를 가지고 있다 해도 조언자 역할을 고수한다. 교사나 감독자의 역할을 하는 것보다 훨씬 더 효과적이다.
- 아이에게 그가 받은 개입의 종류, 개입을 받을 시간에 대해서 가능한 많은 선택권을 준다. 괜찮다면 거절이나 보다 적은 개입에 대한 제안도 받아들인다.
- 아이에게 다른 작업이나 학습 방식을 시도해보면서 자신에게 가장 잘 맞는 방법을 찾도록 한다. 특수교육이 필요한 학생들은 자신의 장점과 약점을 이해하는 데 늦고 '다른 모든 사람'이 이용하지 않는 전략을 사용하는 것을 꺼릴 수 있다. 아이에게 "너에 대해 가장 잘 아는 사람은 너"라는 점을 상기시키고 도움이 되는 일과 그렇지 않은 일을 가리는 데 주의를 기울이도록 격려한다.

- 필요한 경우 보상을 이용한다. 하지만 가능한 아이의 자율성을 존중하는 합리적 근거를 제시한다. "네 수학 문제집을 보면, 공부에 충분히 집중하는 것이 대단히 힘들어 보여. 그건 네 두뇌의 앞부분에 도파민이 충분치 않아서 공부를 집중할 만큼 흥미로운 일로 만들지 못하기 때문이다. 내가 보상을 하는 이유는 그것이 네 두뇌를 좀 더 쉽게 움직이게 하기 때문이야." 숙제를 너무나 싫어하는 나머지 보상조차 포기하는 아이들도 있다. 그런 경우 학교와 교육 비디오를 시청하거나 녹음된 책을 듣는 식으로 숙제를 대체하는 방법을 의논해볼 수도 있다.
- 아이보다 더 어린아이들을 돕거나 동물을 돌보는 것 같은 봉사 기회를 제공한다. 건전한 삶의 통제감을 개발하는 데 문제가 있는 아이들에게 특히 좋은 방법이다.
- 아이에게 두뇌가 어떻게 움직이는지 가르치고 무슨 일인가 하는 법을 배운다는 것은 점점 더 많은 두뇌 세포가 한 단위로 동시에 활성화되고 있다는 의미임을 이야기해준다. 이 같은 일을 반복하고 연습해서 읽기와 수학, 쓰기, 운동 등의 일을 하는 신경 세포 팀에 선수를 늘려야 하는 이유가 여기에 있다.
- ADHD와 ASD가 있는 아이들은 수면 장애가 있을 확률이 대단히 높기 때문에 잠이 쉽게 드는지, 일어나는 데 특별히 어려움이 없는지, 낮 동안 어느 정도 피곤해하는지에 대해서 각별히 주의를 기울여야 한다.

그 길만이 정답은 아니다

"최고가 될 수 없다는 것을 알면서도 공부에 매달려야 하는 스트레스를 아세요? 명문대를 졸업하고 성공적인 변호사이기도 한 부모님을 볼 때면 '내가 저럴 수 있을까'하는 생각이 들죠. '부모님처럼 좋은 대학은커녕 평범한 대학이나 들어갈 수 있을까?'하는 걱정부터 돼요."

이 학생은 성공의 길이 좁디좁고, 그 양 옆은 모두 낭떠러지라고 생각하고 있었다. 이런 양자택일적인 사고 습관은 일찍부터 시작되어서 대학 이후까지 지속된다. 직장 야유회에서 네드는 동료 직원의 남자 친구와 대화할 기회가 있었다. 대학 이야기가 나오자 네드는 이 20대 남성에게 대학을 다녔는지 물었다. 그러자 그가 딱 잘라 말했다. "전 그렇게 똑똑하지가 않았어요. 학교와 공부는 저에게 맞지 않았죠." 네드는 잠깐 말을 멈추고 이 젊은이가 스스로 내면화한 메시지들을 하나씩 정리해보았다.

- 대학에 가지 않은 사람들은 똑똑하지 않다.
- 교육은 일부 사람들만을 위한 것이다.
- 나는 다른 사람들만 못하다.

네드가 말했다. "사람들은 여러 방식으로 삶에 성공하고 각자에 맞게 세상에 기여할 방법을 찾을 수 있죠. 그래서 지금 어떤 일을 하고 계시나요?"

"저는 그냥 응급구조사 일을 하고 있어요." 남자가 대답했다. '그냥' 응급구조사 일을 하고 있다. 응급구조사는 목숨을 구하는 일을 한다. 지난 수백 년 동안 사람들의 목숨을 가장 많이 구한 직업이 뭘까? 여러 가지 논의가 있을 수 있겠으나 우리는 환경미화원이라고 생각한다. 응급구조사도 그 목록의 상위에 있을 것이다. 이렇게 생각해보자. 위기가 닥쳤을 때 투자은행가, 변호사, 신경심리학자, 입시 강사, 응급구조사 중에 누가 구하러 오면 좋겠는가? 아마 모두가 같은 답을 내릴 것이다.

젊은이들이 건전한 삶의 통제감을 발달시키지 못하게 하는 가장 큰 요인은 앞에서 우리가 언급했듯이 성공적이고 만족스러운 삶에 대한 편협하고 왜곡된 시각이다. 이런 시각은 두려움과 경쟁을 조장한다.

성공을 바라보는 융통성 없는 시각 때문에 성취도가 높은 아이들은 불필요한 스트레스와 불안 등의 문제를 겪고, 성취도가 낮은 아이들은 어릴 때부터 노력의 가치를 부정하고 자기비하를 하며 무기력함에 빠지게 된다.

이런 아이들은 성공에 대해 심각하게 왜곡된 시각을 보인다. 이런 편견은 때로는 부모에게서, 때로는 학교 또래에게서 비롯된다. 과도하게 투지가 넘치거나 동기부여가 좀처럼 되지 않는 사람들은 이런 방식으로 생각한다. 최고의 학생이 아니라면 결국 나이 오십에 맥도날드에서 일하고 있을 것이라고 말이다. 사실 이 세상은 우리를 사로잡는 하나의 일에 매진하면 충분히 성공할 수 있는 곳이다. 우리는 아이들에게 공부를 잘하는 것과 성공적인 삶은 분명 다르다고 말해주어야 한다.

전 과목에 A를 받기 위해서는 대단히 순응적이어야 한다. 이 성적이 곧 성공을 뜻하지는 않는다. 실제로 성공한 사람의 절대다수가 전 과목 A를 받지는 않는다. 고등학교 졸업 연설을 한 사람이 다른 사람들에 비해 더 성공하는 것은 아니다. 능력은 단순히 성적의 문제가 아니다.

당연히 좋은 학생이 되고 좋은 대학에서 좋은 학점 받는 이점은 크다. 하지만 그 길만이 정답은 아니라는 것이다. 아이의 눈을 가리고 한 길만 바라보게 한다면 아이는 너무도 쉽게 좌절할 것이다.

중요한 것은 자신의 강점을 찾는 것

라디오 진행자 게리슨 케일러는 라디오 프로그램 '프레리 홈 컴패니언'을 마칠 때마다 이렇게 말했다. "이상 모든 여성이 힘세고, 모든 남성이 잘생기고, 모든 아이들이 평균 이상인 워비곤 호수에서 전해드렸습니다." 이 유머는 정곡을 찌른다. 모두 우리 아이가 평균보다 낫다고 믿고 싶어 한다. 물론 실제는 그렇지 않다는 사실을 외면하고서. 재능은 상대적이다. 필연적으로 누군가는 공부에 재능이 부족할 수밖에 없다. 하지만 이런 현실을 도외시한 채, 모두가 공부와 대학을 목표로 한다. 어쩌면 내 아이가 공부에 재능이 없으리라는 사실을 자각하지 못한 채 말이다. 그렇기에 대학 학위를 따야 한다는 생각은 많은 사람들에게 독이 되는 메시지이다. 대학만이 정답처럼 보인다면, 다음과 같은 현실을 살펴보자.

대학이나 대학원을 졸업한 사람 중에는 먼길을 돌아 학문적 성공에 이르는 사람들이 많다. 반대로 우등생이고 성공적인 커리어를 만든 성인 중에도 그저그런 삶을 사는 사람이 적지 않다.

당신이 가는 대학이 삶의 길을 결정짓는 것은 아니다. 빌 게이츠, 스티브 잡스, 마크 저커버그는 엄청난 유명인이지만 모두 대학 중퇴자들이다. '그저 괜찮은 정도'의 학교에 진학했지만 대단한 성공을 거둔 수많은 이들도 있다. 메릴랜드대학을 나온 구글의 공동 창립자 세르게이 브린이 그 예다.

사회는 사람들의 다양한 재능을 기반으로 꽃핀다. 생물 다양성은 건전한 조직의 표식이다. 몽상가, 예술가, 창의적인 사람 모두가 필요하다. 우리에게는 기업가도, 사색가도 필요하다. 알버트 아인슈타인은 이렇게 말했다. "물고기의 능력을 암벽등반으로 판단한다면 물고기는 자신이 멍청하다고 믿으며 살 것이다." 발달심리학자인 하워드 가드너는 지능에는 음악적 리듬, 시-공간, 말과 언어, 논리-수학, 신체-운동, 대인관계, 내적 성찰 등 대단히 여러 형태가 있다고 지적한다. 달리 말해 공부를 좀 못해도 뛰어난 춤꾼일 수 있다. 다른 일은 보통이지만 타인의 감정을 읽는 데 특출한 능력이 있을 수도 있다.

성공하기 위해서 굳이 국영수사과 모든 분야에 뛰어날 필요가 없다. 하지만 이런 믿음은 만연하고, 이 믿음은 당연히 틀렸다. '최고'가 되는 것을 목표로 한다는 것은 끊임없이 자신을 다른 사람과 비교한다는 의미이다. 모든 분야에서 타인과 비교하는 것은 동기부여가 될 수도 있지만, 의욕을 꺾는 경우가 더 많다. 언제 내려놓아야 하는지를 알고 밀고 나가기를 멈추기를 선택하는 과정은 성장의 일부이다.

빌은 사춘기가 지난 10대들에게 자주 이런 말을 한다. "나는 네가 정말 못하는 일을 찾아내길 바라. 누구나 잘하는 일도, 못하는 일도 있지. 그리고 성공한 사람들은 잘하는 일로 생계를 꾸려가." 못하는 일을 메우는 방식으로는 성공에 이르기 어렵다. 최고는 아니더라도 다른 사람들보다 나은 일을 찾아야 한다. 이 말에 수용하지 못하는 학생도 많다. 이 이야기를 들은 데이비드는 이렇게 반응했다. "쉬운 일만 하는 건 부정행위 아닐까요?" 네드가 답했다. "넌 172cm에 82kg이고 172kg의 역기를 들 수 있지. 하지만 마라톤은 잘하지 못할 거야. 체격이 적합하지 않거든."

재능이 모자란 분야는 모두 포기하라는 말이 아니다. 인생에는 쉽지 않더라도 배워야 할 중요한 일들이 있다. 하지만 타고난 재능을 발견하고 육성하는 것이 먼저라는 말이다.

아이들이 "전 에릭만큼 똑똑하지 않아요"라고 말할 때, 많은 부모는 이렇게 말하며 아이를 안심시킨다. "너는 충분히 똑똑해. 그 아이들만큼 잘할 수 있어." 이때 빌은 다른 접근법을 취한다. 그는 아이들에게 흥미로운 일을 잘할 만큼 똑똑하기만 하면 된다고 이야기해준다. 그리고 흥미로운 일을 잘할 능력은 어떤 아이에게나 있다. 또 그는 자기 분야에서 자신보다 똑똑한 사람들에게 감사함을 느낀다고 말해준다. 그들의 연구 덕에 빌은 사람들을 더욱 잘 도울 수 있기 때문이다.

공유 망상 부수기

빌은 8세 소년의 평가를 맡은 적이 있었다. 소년의 어머니는 아이에게 하버드나 예일, 프린스턴, 브라운대학에 진학해야만 등록금을 대줄 것이라고 말했다. 빌은 그녀의 말이 농담이라 생각하며 웃었다. 하지만 그녀는 농담이 아니라고 했다. 이에 빌은 답했다. "성공한 사람들의 절대다수가 하버드, 예일, 프린스턴, 브라운을 나오지는 않았습니다. 그런 면에서 본다면 어머님의 말씀이 다소 억지라는 걸 알고 계시죠?" 그 어머니는 화를 내면서 날카롭게 말했다. "저는 그렇게 생각해요. 세상은 그렇게 돌아간다고요."

많은 사람이 현실과는 동떨어진 믿음을 갖고 있다. 우리는 이런 종류의 근거 없는 믿음 체계, 특히 많은 어른이 동의하는 이런 믿음의 체계를 '공유 망상(shared delusion)'이라고 부른다. 학교는 부모들보다 아이의 가능성을 잘 파악하고 있다. 그들은 매년 수백 명의 아이들을 본다. 그런데도 그들은 이런 종류의 현실과 동떨어진 생각을 지지하곤 한다. 고등학교 교장들에게 "아이들에게 진실을 말하지 않나요? 어느 대학에 가느냐가 인생의 성공과 큰 상관이 없다는 이야기를 왜 하지 않습니까?"라고 질문하면 그들은 늘 이렇게 답한다. "대학을 못 가면 인생에서 실패하는 것이라고 생각하는 부모들이 많습니다. 진실을 말하면 당장 그런 부모들의 항의 전화로 행정이 마비될 겁니다."

세상의 진실을 아이들에게 이야기해주는 것만으로도 그들의 융통성과 추친력을 높일 수 있었다. 의욕이 없던 아이들은 이런 이야기를 듣고 "여기 성공하기 위해서 내가 반드시 뛰어넘어야 하는 허들(대학)이 있어"에서 "이 세상에 기여하고 자신을 개발할 수 있는 여러 가지 길이 있어"로 관점을 바꾸게 된다. 친구나 동료들과 대화를 나누거나 혹은 학교에서 강연할 때 우리가 '다른 길'에 대한 이야기를 시작하면 저마다 일화를 꺼내놓는다. 어떤 사람은 자신이 가는 정비소에는 MIT에서 공학 박사학위를 받았지만, 보다 만족스러운 커리어를 위해 학교를 떠나

정비사가 된 사람도 있다고 한다. 어떤 사람이 아는 정비사는 대학에 가지 않았지만, 자신의 분야에서 워낙 뛰어나서 32세에 현업에서 물러나 12명의 정비사를 두고 성공적으로 사업을 운영하고 있다고 한다.

공유 망상을 부순다는 제목을 두고 있는 데다 종종 일화들이 통계보다 강렬하기 때문에 우리는 이 장의 나머지 부분을 비전형적인 방식으로 성공과 행복에 이른 사람들의 이야기를 소개하려 한다.

피터

피터는 시카고 공립학교에 다니는 평범한 학생이었다. 그는 여러 학교를 전전한 끝에 중서부에 있는 작은 인문학 단과대학에서 영문학 학사학위를 받았다. 그는 영문학 학위를 유용하게 사용할 만한 일을 찾지 못했다. 항상 요리를 즐겨 했던 그는 즉석요리 조리사로 일을 시작했고 자신의 식당을 운영하겠다는 꿈을 키웠다.

수년 동안 피터는 요식업계에서 웨이터, 웨이터 매니저, 조리사, 요리사 등 여러 가지 일을 했다. 핫도그 가판대를 운영하기도 했다. 그 뒤 한 체인 레스토랑의 하급 관리자로 일하면서 물품 구매에 대한 경험을 쌓았다. 이 일은 셈이 빠르고 대인관계 능력이 특출하고 '윈-윈' 협상에 능한 피터와 아주 잘 맞았다.

곧 3곳에 직영점을 열 예정인 신생 레스토랑 체인이 그에게 접근했다. 회사의 사장은 피터나 구매 분야에서 보인 능력에 깊은 인상을 받고 회사의 주식을 양도했다. 회사는 세계적으로 300개 이상의 식당을 운영하는 규모로 성장했고 상장까지 되었다. 피터는 직업적으로나 재정적으로 엄청난 성공을 거두었고 가정 역시 훌륭하게 꾸리고 있다.

커서 레스토랑 체인을 운영하겠다는 식의 꿈을 꾸는 아이는 아마도 없을 것이다. 하지만 피터는 누구 못지않게 훌륭한 삶과 커리어를 꾸리고 있다.

벤

벤에게는 학교생활이 무척 힘들었다. 특히 수학과 과학에서 고전했던 것이 지금까지 생생히 기억날 정도이다. 그는 학교생활에 의욕을 찾기가 힘들다는 것을 깨달았고 1.0에도 못 미치는 평점으로 간신히 고등학교를 졸업했다.

하지만 미술 시간에는 두각을 나타냈다. 중학생이 되고서 들은 서예 수업은 그에게 큰 인상을 남겼다. 임상심리학자와 종양학과 간호사인 그의 부모님은 그가 공부 외에 다른 길을 택해 예술 고등학교에 진학하는 것을 지지해주었다.

하지만 벤은 3년제 예술학교에 입학했지만 3학기를 다 마치지 못했다. 대신 그는 충분히 기술을 공부해서 그래픽디자인 일을 맡았고, 브랜딩을 중심으로 하는 일에 특히 큰 매력을 느꼈다. 벤은 29세에 '브랜드 아미'라는 회사를 차렸다. 그에게 학위는 없지만 조지메이슨과 조지타운대학이 그의 고객사이다.

벤과 그의 형은 자신의 열정을 따랐고, 엄청난 돈을 벌며 큰 성공을 거두었다. 그들의 아버지는 이렇게 말한다.

"아들들에게 배운 점이 있습니다. 아이들 마음 속 재능의 불씨를 발견하면 기름을 부어주십시오."

라클란

라클란은 유치원 때부터 물건 고치는 일을 좋아했다. 그는 쉬는 시간에도 교실에 고장 난 물건을 고치곤 했다. 중학교 때 선생님들은 그의 명석함에 깊은 인상을 받았다. 하지만 그는 과제에는 전혀 관심이 없었다. 반항도 있었다. 중학교 2학년 때 그는 학교 벨 시스템을 조작해서 원하는 시간에 버튼을 눌러 수업을 종료시켰다. 학교의 알람 시스템도 조작해 아무 때나 학교에 들어갈 수 있었다.

16세에 라클란은 주유 정비소에서 일하기 시작했다. 처음에는 타이어와 엔진오일을 가는 일부터 시작했지만, 곧 차를 분해하고 전기 배선을 만졌다. 그는 집을 나갔고 고등학교 수업의 대부분을 빼먹었다. 고등학교 2학년 말의 평점은 0.9점이었다. 그는 간신히 고등학교 졸업장을 받고 오디오 엔지니어 일을 시작했다. 그는 21세에 케네디센터와 계약을 맺고 오페라 하우스와 콘서트홀의 음향 시스템을 설계했다.

그는 결국 텔레비전 엔지니어링 분야로 전향했다. 그쪽에 경험이 거의 없었지만 관심과 재능과 노력은 그를 성공으로 이끌었다. 그는 미국의 국영 TV 방송국에서 엔지니어링 관리를 시작했고 30년째에 엔지니어링 책임자까지 승진했다. 라클란이 특출한 재능을 가지고 있는 것은 사실이다. 하지만 그것이 전부가 아니었다. 그는 사람들의 마음을 움직이게 일을 하는 방법을 알았고, 측정할 수 있는 목표를 향해 기술을 발전시키는 데 집중했다.

멜로디

어린 나이부터 멜로디는 학교를 좋아하지 않았다. 유치원과 1학년 과정도 드문드문 참여하는 데 그쳤다. 결국 5학년 때는 부모님께 학교에 가지 않겠다고 했다. 멜로디는 10살밖에 되지 않았지만, 그녀의 부모님은 딸의 선택을 지지했다. "네가 원하는 것이라면 무엇이든 하렴." 부모님은 그녀에게 말했다. "교수도 좋고, 기타리스트도 좋아. 네가 좋아하는 일을 하고 그것을 잘하기 위해 노력하기만 하면 된단다." 모든 속박을 떨치게 하는 메시지였다. 멜로디는 자신에 대한 부모님의 믿음에서 큰 힘을 얻었다.

그녀는 6학년 때 학교로 돌아가 몇 년을 더 다녔다. 하지만 중학교 3학년이 되면서 다시 학교를 떠나기로 마음먹었다. 부모님은 그녀에게 결정을 맡겼고 그녀는 홈스쿨링을 하기로 했다.

멜로디는 독립적인 아이였고 호기심이 많았다. 때문에 홈스쿨링이 그녀에게 잘 맞았다. 하지만 그녀에게는 더 큰 꿈이 있었고, 꿈을 위해서는 대학에 진학해야 했다. 그녀는 대학에 가기 위해서는 고등학교로 돌아가는 것이 낫다고 판단했다. 스탠포드대학에 진학한 그녀는 3년 만에 학사학위를 받았다. 이후 10년간 일을 하다가 법학 대학원에 진학했다. 그녀는 벌써 몇 년째 시애틀의 법률 회사에서 파트너로 일하고 있다.

멜로디는 부모님이 그녀에게 준 자유를 대단히 소중하게 생각하며, 행복한 삶에는 하나의 길만 있는 게 아니라는 부모님의 믿음에도 감사한다. 부모님은 이렇게 말씀하셨다. "인생을 종지부 짓는 결정이 아니야. 너는 5학년을 다니지 않을 수도 있고 학교에 돌아가고 싶을 때 돌아갈 수도 있어. 전혀 문제가 되지 않아. 돌이킬 수 없는 길로 들어서고 있는 것이 아니야. 네 인생 전체를 결정하거나 망치는 결정을 하는 것이 아니야. 언제든 옳은 길을 택할 수 있어."

흥미롭게도 멜로디는 부모님의 접근법을 감사히 받아들이면서도 자신의 아이들에게는 그런 접근법을 적용하지 않았다. "아들이 고등학교를 마치고 '대학에 가고 싶지 않아요. 1년 쉬고 싶어요'라고 말했을 때 우리는 허락하지 않았습니다. 그럼 저 아이는 어떻게 될까? 영영 궤도에서 이탈해버리는 것은 아닐까? 다시 대학에 지원해야 할 텐데, 대학에 가지 못하면 어쩌지? 라는 두려움이 있었죠. '이 일을 하고 싶지 않아요. 준비가 안 됐어요'라는 아이의 말에 귀를 기울이지 않았던 것 같아요. 지금은 그 부분에 대해서 후회가 좀 되네요."

"하지만…" 다른 길에 대한 질문

부모들은 성공적이고 성취감을 주는 삶을 향한 다른 길이 있다는 말에 이의를 제기하곤 한다. 아이가 하는 일에서 자신의 자아를 완전히 분리하기가 대단히 어렵다 보니 이런 상황이 빚어진다. 일단 자신의 자아와 분리를 한 후에도 걱정은 남는다. 여기에 우리가 흔히 듣는 질문들과 그에 대한 답을 제시한다.

"하지만 일반적인 길을 택한 사람들이 훨씬 더 많은 돈을 벌어요."

명석하고 4년의 대학 생활을 마칠 만한 자제력이 있는 사람들이 더 잘 살 가능성이 큰 것은 사실이다. 하지만 달리 말해 그들은 대학을 졸업하든 안 하든 똑똑하고 자제력이 있는 사람들일 것이다. 누가 그들의 성공이 학교 교육 덕이라고 단정 지을 수 있겠는가?

배우이자 TV 프로그램 진행자, 운동가인 마이크 로는 다음의 간단한 근거를 댄다.

- 1조 달러의 학자금 대출
- 기록적으로 높은 실업률

"중산층이 줄어들고 있으니 대학이 더 중요해지지 않을까요? 대학 졸업장이 없으면 고용주들은 쳐다보지도 않을 텐데요."

몇 가지 지적해야 할 것이 있다. 첫째, 로봇공학을 비롯한 여러 형태의 기술이 미치는 영향을 생각하면 5~10년 후에 일터가 어떤 모습으로 변할지 아무도 예측할 수 없다. 우리는 새로운 인력에게 기술이 필요할 것이라는 점은 알고 있지만, 그런 기술을 습득하기 위해 어떤 종류의 교육이 필요한지는 알지 못한다.

그래픽디자이너인 벤을 기억하는가? 그는 언제나 일거리가 있을 것이라는 자신감이 있다. 다른 사람이 필요로 하는 일이 무엇인지 알기 때문이다. 그는 학위보다 자기 능력을 더 믿는다.

학위에는 분명 많은 이점이 있다. 부모는 가능하면 아이가 대학을 졸업하기를 바란다. 하지만 대학을 졸업하지 않는다고 풀죽을 필요는 없다. 학위 없이도 충분히 행복한 삶을 살 수 있단 걸 깨닫길 바란다.

돈과 성공이 같지 않다고 역설하는 것은 이 책의 주제가 아니다. 수입과 자기 행복에 밀접한 관계가 있기는 하지만 그 상관관계는 수입이 아주 낮은 수준일 때 훨씬 유효하다. 재정적 안정이 어느 정도, 사실 상당히 낮은 수준만 달성되어도 수입과 행복의 상관관계는 줄어든다. 아이들이 이 점을 꼭 알아야 한다. 돈을 못 벌어도 된다고 말하는 게 아니다. 아이들이 자신에게 정말 중요한 게 무엇인지 사려 깊은 결정해야 한다는 것이다.

오늘 밤 할 일

- 아이와 함께 생각할 수 있는 다양한 직업들을 목록으로 만들어보

라. 당신이나 아이가 관심을 가진 직업이어야 하는 것은 아니다. 그저 누군가가 하고 있는 일이면 족하다. 그 사람들이 직업에서 좋아하는 부분은 무엇일까? 그들은 어떤 일에 재능이 있을까?

- 이 장에 있는 다른 길에 대한 이야기를 아이에게 들려준다. 아이에게 당신이 아는 다른 사람의 이야기를 들려주고 아이에게도 아는 사람이 없는지 물어본다.
- 당신 혹은 당신의 부모나 조부모가 인생의 길을 걸어오면서 마주했던 놀라운 일들과 실망스러웠던 일들을 솔직하게 이야기한다. 네드의 증조부는 주식으로 재산을 모두 날렸고 도시의 큰 저택에서 작은 아파트로 이사했으나 다시 집안을 일으켰다. 이렇게 성공한 사람들에게도 기복이 있었다는 사실을 앎으로써 네드는 자신의 집안에 회복력의 전통이 있다는 것을 알게 되었을 뿐 아니라 균형 있는 시각도 가질 수 있었다.
- 아이에게 묻는다. 하고 싶은 일은 뭐니? 다른 사람보다 잘한다고 생각하는 일은 뭐니? 내 생각을 말해줄까?
- 아이에게 멘토, 즉 그들이 동경하는 삶을 산 사람이나 그들을 인도하는 데 도움이 될 것 같은 사람을 찾으라고 격려한다. 아이들은 부모가 아닌 다른 사람의 지도에 마음을 잘 여는 경우가 많다.

아이는 부모에게 어떤 느낌을 받고 싶어 할까?

유머 작가이자 한 아이의 어머니는 우리를 만나고 이렇게 이야기했다. "우리가 양육이라고 부르는 일의 많은 부분은 사실 부모의 희망을 꺾는 일이라고 불러야 해요." 우리의 이야기가 쉽지 않다는 점을 아주 재치 있게 수용하는 말이었다.

사실 이 책에서 권고하는 대부분은 실천하기 매우 '어렵다'. 아이의 결정을 믿어주고, 아이의 두뇌 발달을 신뢰하고, 아이를 스스로에게서 보호하고, 아이의 삶에 과도하게 관여하고 싶은 마음을 억누르고, 미래에 대한 두려움을 직면하는 데는 큰 용기가 필요하다. 아이에게 최선의 선택이 무엇인지 항상 알 수는 없다는 점을 인정하기 위해서는 겸손해야 한다. 그리고 무엇보다 부모의 사고방식이 변화해야 한다.

이 모든 일은 힘들지만, 통제할 수 없는 일을 통제하려고 애쓰는 것보다는 훨씬 수월하다. 이 책의 모든 내용은 결국 아이들에게 성인으로의 삶과 성인이 되어서 가질 인간관계, 자기 정체성에 본보기를 만들어주는 방법이라 할 수 있다. 사람들은 상대의 말과 행동은 잊어도 느낌은 결코 잊지 않는다. 마찬가지로 아이들이 부모에게 어떤 느낌을 받기 원하는지 생각해보라. 사랑받고, 신뢰받고, 지지받고, 할 수 있다는 느낌을 받기를 원하지 않는가? 그렇다면 먼저 그렇게 대하면 된다.

우린 너를 과하게 보호하는 대신
네가 용감해지도록 도울 거야.
그게 훨씬 나으니까.

옮긴이 이영래

이화여자대학교 법학과를 졸업하고 리츠칼튼 서울에서 리셉셔니스트로, 이수그룹 비서 팀에서 비서로 근무했으며, 현재 번역에이전시 엔터스코리아에서 전문 번역가로 활동하고 있다.

주요 역서로는 《사업을 한다는 것》, 《모두 거짓말을 한다: 구글 트렌드로 밝혀낸 충격적인 인간의 욕망》, 《유엔미래보고서 2050》, 《4차 산업혁명과 투자의 미래: 기하급수 기술이 가져올 부의 재편》 등이 있다.

놓아주는 엄마
주도하는 아이

2022년 3월 2일 초판 1쇄 | 2022년 12월 28일 26쇄 발행

지은이 윌리엄 스틱스러드·네드 존슨
옮긴이 이영래
펴낸이 박시형, 최세현

책임편집 박현조 **디자인** 박선향
마케팅 권금숙, 양근모, 양봉호, 이주형 **온라인마케팅** 신하은, 정문희, 현나래
디지털콘텐츠 김명래, 최은정, 김혜정 **해외기획** 우정민, 배혜림
경영지원 홍성택, 이진영, 김현우, 강신우
펴낸곳 (주)쌤앤파커스 **출판신고** 2006년 9월 25일 제406-2006-000210호
주소 서울시 마포구 월드컵북로 396 누리꿈스퀘어 비즈니스타워 18층
전화 02-6712-9800 **팩스** 02-6712-9810 **이메일** info@smpk.kr

ISBN 979-11-6534-471-9 (13590)